基于 BIM 的预制装配建筑体系应用技术丛书

装配式框架结构
设计方法及实例应用

北京构力科技有限公司
上海中森建筑与工程设计顾问有限公司　编著

U0249064

中国建筑工业出版社

图书在版编目(CIP)数据

装配式框架结构设计方法及实例应用/北京构力科技有限公司，上海中森建筑与工程设计顾问有限公司编著. 北京：中国建筑工业出版社，2018.4
（基于 BIM 的预制装配建筑体系应用技术丛书）
ISBN 978-7-112-21741-0

Ⅰ.①装… Ⅱ.①北… ②上… Ⅲ.①装配式构件-框架结构-结构设计-计算机辅助设计-应用软件 Ⅳ.① TU323.504-39

中国版本图书馆 CIP 数据核字(2018)第 003172 号

本丛书基于"十三五"国家重点研发计划项目《基于 BIM 的预制装配建筑体系应用技术》成果，重点介绍基于 BIM 技术的预制装配式建筑设计、生产和施工全产业链的集成应用体系，对推广装配式建筑的正确设计流程具有重要意义。本册主要介绍通过 BIM 技术如何完成装配式框架结构全专业协同设计，并结合国标规范和项目实例使读者快速掌握设计要点和技巧，深入理解装配式建筑的设计特点和难点。

本书适合设计单位、EPC 企业、构件生产厂、建筑类高等院校相关专业人员阅读。

责任编辑：丁洪良　武晓涛
责任设计：李志立
责任校对：姜小莲

基于 **BIM** 的预制装配建筑体系应用技术丛书
装配式框架结构设计方法及实例应用
北京构力科技有限公司
上海中森建筑与工程设计顾问有限公司　编著

*

中国建筑工业出版社出版、发行(北京海淀三里河路 9 号)
各地新华书店、建筑书店经销
北京科地亚盟排版公司制版
北京市密东印刷有限公司印刷

*

开本：787×1092 毫米　1/16　印张：14¼　字数：284 千字
2018 年 4 月第一版　　2018 年 11 月第二次印刷
定价：**68.00** 元（含增值服务）
ISBN 978-7-112-21741-0
(31591)

主审人员：马恩成　李新华　夏绪勇　马海英
　　　　　姜　立　黄立新　朱　伟

编写人员：赵艳辉　贺迎满　邱令乾　李　柏
　　　　　刘苗苗　李晓曼

参编人员：丁鹏飞　于晓菲　王一帆　王衍贺
　　　　　王新花　王　磊　牛永吉　牛沙沙
　　　　　叶敏青　付亚静　白　辰　刘嫦利
　　　　　孙英杰　孙明倩　李书阳　李彩霞
　　　　　杨广剑　杨　洁　邱相武　何　苗
　　　　　邹　军　沈诗琪　张　丹　张　阡
　　　　　张华伟　张学娜　张晓龙　张　雷
　　　　　张　磊　陆建明　陈令棋　郑国勤
　　　　　郑　鹏　孟凡坤　蒏圣琦　高　寅
　　　　　郭　轶　黄琢华　龚秀峰　康忠良
　　　　　谢宇欣　鲍玲玲　樊昊　薛　宇

3

前　言

国务院 2016 年发布《关于大力发展装配式建筑的指导意见》，明确提出我国将全面推进装配式建筑发展。

装配式建筑是实现建筑工业化的主要途径之一，是集成标准化设计、工业化生产、机械化安装、信息化管理、一体化装修、智能化应用的现代化建造方式。BIM是装配式建筑体系中的关键技术和最佳平台，能够实现装配式建筑全流程的精细和高效信息管理，有效促进建筑业的转型升级。

由中国建筑科学研究院牵头，联合国内 22 家著名建筑企业和高校共同承担的"十三五"国家重点研发计划项目《基于 BIM 的预制装配建筑体系应用技术》（项目编号：2016YFC0702000），根据装配式建筑的应用需求，重点研究通过 BIM 技术解决装配式建筑设计、生产、运输和施工各环节中的关键技术问题。

项目将在国内首创基于自主 BIM 平台的装配式建筑全产业链集成应用体系，建立符合我国装配式建筑特点的 BIM 数据标准化描述、存取与管理架构，实现数据共享和协同工作；利用 BIM 技术建立装配式户型库和装配式构件产品库，使装配式建筑户型标准化，提高预制构件拆分效率，实现精细化设计；通过 BIM 指导生产，通过具备可追溯性质量管控的生产管理系统对构件加工过程进行规范化管理，BIM 数据直接接力构件生产设备，使生产进度和质量得到有效管控；施工过程中通过 BIM实现构件运输、安装及施工现场的一体化智能管理，利用拼装校验技术与智能安装技术指导施工，优化施工工艺，有效提高工程质量。

可以预见，结合 BIM 平台、标准构件库、智能化设计、物联网、计算机辅助加工、虚拟安装等新技术的项目成果，将使装配式建筑的建造效率大为提高，大幅度降低人工工作量，全系列软件将提升成为全国装配式建筑应用的重要基础产品，为促进建筑产业化的可持续发展，推动我国建筑工业化做出重要贡献。

当前全国范围内装配式建筑推广过程中的突出问题包括构件生产厂产能不足，能做装配式设计和施工的企业不多，建筑企业对装配式建筑设计和施工的特点、要点和难点认识不深，设计、生产和施工环节各自为政，没有形成全产业链集成应用体系，缺乏系统性管理。设计单位还是按传统建筑设计，未考虑构件标准化，不能批量化生产，设计精细化程度不够，未考虑施工安装的碰撞问题，造成废件出现。构件生产厂缺少生产管理系统，自动化生产程度低，大量采用人工操作，模具的重复利用率低。施工单位未对施工进行合理组织，施工工艺和检测手段落后等。以上因素造成了装配式建筑的建造成本普遍居高不下，影响了装配式建筑的普及。因此，要使装配式建筑真正得到推广必须从各个环节综合抓起，解决各环节的突出问题，通过 EPC 模式、BIM 技术和信息化管理将全产业链串联起来。

本丛书基于"十三五"国家重点项目成果，重点介绍基于 BIM 技术的预制装配式建筑设计、生产和施工全产业链的集成应用体系。根据装配式建筑的特点，结合实际工程项目实践，重点介绍如何通过 BIM 平台实现全专业协同设计，进而完成装配式建筑的方案设计和深化设计；设计模型接力构件生产，有效实现规范化生产管理；通过 BIM 实现构件运输、安装及施工现场的一体化智能管理。

本丛书的第一册《装配式框架结构设计方法及实例应用》和第二册《装配式剪力墙结构设计方法及实例应用》面向设计单位、EPC 企业、构件生产厂、建筑类高等院校，介绍通过 BIM 技术如何完成装配式建筑框架结构和剪力墙结构两种常见结构形式的全专业设计方法，结合国家标准规范和项目实例使读者快速掌握设计要点和技巧，深入理解装配式建筑的设计特点和难点，对推广装配式建筑的正确设计流程具有重要意义。

目 录

第 1 篇　项目概述及应用流程

装配式建筑设计需要一体化设计思维，需要集成化设计、精细化设计，需要前置考虑加工、施工中的工艺及效率，实现提高效率、减少成本的目的。传统的二维设计已经不能满足现今的设计要求。

PKPM BIM 系统，可以在项目全周期中，利用 BIM 协同平台，建立统一的三维可视化数据模型，进行各专业设计、出图管理，达到专业之间数据无缝衔接，提高效率，提高设计质量。

具体工作流程如图 1 所示。

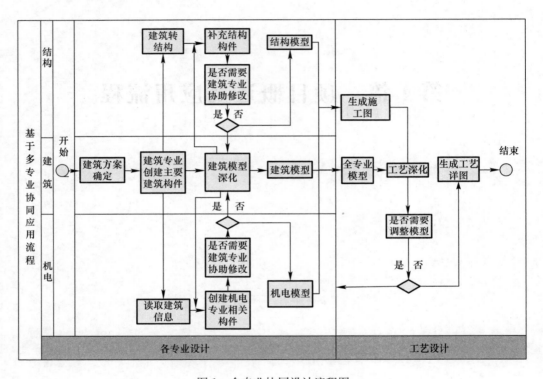

图 1　全专业协同设计流程图

第1章 项目概述及应用流程

1.1 工程概况

本项目装配式建筑面积的比例为 100％，建筑单体预制装配率不低于 40％。根据沪建管联（2015）417 号文第四条规定，装配式建筑面积定义为：按建筑单体计算，暂不包括小型配套附属设施，如垃圾房、配电房等面积。根据沪建建材联〔2016〕24 号文第三条规定，3 号楼、4 号楼为配套用房，可以不采用装配式建筑，其余建筑 1 号楼、2 号楼采用装配式建筑。装配体系为装配整体式框架结构体系。预制构件主要由预制柱、预制梁、预制板、预制楼梯等组成，单体预制装配率不低于 40％。本书以 1 号楼为例进行全专业协同设计介绍。

该项目建筑层为 6 层，建筑高度 27.200m，建筑面积 5102.91m²，耐火等级二级，抗震设防烈度为七度。结构体系采用装配整体式框架结构，保温形式为内保温，预制构件类型包括预制柱、叠合梁、叠合板，装配范围是 1～5 层。

1.2 设计依据

1.2.1 建筑设计专业

1）房屋土地权属调查报告书

2）建设单位提供的设计委托书和设计任务书

3）业主提供的本项目地形图（电子文件）、测绘红线图

4）青浦区华新镇工业园区控制性详细规划—D-5 号街坊规划控制图则

5）关于核发青浦区华新工业园区 08-15 号地块（D-5-8）《规划设计要求的函》

6）各项与有关方面协调工作会议纪要及往来文件

7）国家及上海颁布的主要有关的设计规范和标准

《中华人民共和国城乡规划法》（2015 年修订）

《城市规划编制办法》（2006）

《城市用地分类与规划建设用地标准》GB 50137—2011

《城市道路交通规划设计规范》GB 50220—95

《民用建筑设计通则》GB 50352—2005

《建筑设计防火规范》GB 50016—2014

《建筑工程建筑面积计算规范》GB/T 50353—2013

《车库建筑设计规范》JGJ 100—2015

《汽车库、修车库、停车场设计防火规范》GB 50067—2014

《无障碍设计规范》GB 50763—2012

《上海市控制性详细规划技术准则》

《上海市城市规划管理技术规定》（土地使用、建筑管理）（2011 年修订版）

《上海市建筑面积计算规划管理暂行规定》沪规土资法（2011）678 号

《建筑工程交通设计及停车库（场）设置标准》DG/TJ 08—7—2014

《机动车停车场（库）环境设计保护规程》DGJ 08—98—2014

《无障碍设施设计标准》DGJ 08—103—2003

《上海市建筑节能管理办法》

《上海市建筑玻璃幕墙管理办法》

1.2.2　结构及装配式设计

1.2.2.1　通用规范

《建筑结构可靠度设计统一标准》GB 50068—2001

《建筑结构荷载规范》GB 50009—2012

《混凝土结构设计规范》GB 50010—2010（2015 局部修订版）

《建筑工程抗震设防分类标准》GB 50223—2008

《建筑抗震设计规范》GB 50011—2010（2016 局部修订版）

《砌体结构设计规范》GB 50003—2011

《建筑地基基础设计规范》GB 50007—2011

《地下工程防水技术规范》GB 50108—2008

《建筑桩基技术规范》JGJ 94—2008

《中国地震动参数区划图》GB 18306—2015

1.2.2.2　专用规范

1）上海规范

《建筑抗震设计规程》DGJ 08—9—2013

《地基基础设计规范》（DGJ 08—11—2010）

《装配整体式混凝土公共建筑设计规程》DGJ 08—2154—2014

《装配整体式混凝土居住设计规程》DG/TJ 08—2071—2016

《装配整体式混凝土结构预制构件制作与质量检验规程》DGJ 08—2069—2016

《装配整体式住宅混凝土结构施工及质量验收规程》DGJ 08—2117—2012

《上海市装配式混凝土建筑工程设计文件编制深度规定》

《上海市装配整体式混凝土建筑工程施工图设计文件技术审查要点》

2）国家规范

《装配式混凝土结构技术规程》JGJ 1—2014

《装配式混凝土建筑技术标准》GB/T 51231—2016

《装配式钢结构建筑技术标准》GB/T 51232—2016

《钢筋连接用灌浆套筒》JG/T 398—2012

《钢筋机械连接用套筒》JG/T 163—2013

《钢筋连接用套筒灌浆料》JG/T 408—2013

《钢筋套筒灌浆连接应用技术规程》JGJ 355—2015

《钢筋锚固板应用技术规程》JGJ 256—2011

《预制带肋底板混凝土叠合楼板技术规程》JGJ/T 258—2011

《混凝土建筑接缝用密封胶》JC/T 881—2001

《混凝土结构工程施工质量验收规范》GB 50204—2015

《混凝土结构工程施工规范》GB 50666—2011

《建筑工程设计文件编制深度规定（2016 版）》

《装配式混凝土结构建筑工程施工图设计文件技术审查要点》

3）图集

《装配式混凝土结构表示方法及示例》（剪力墙结构）15G107—1

《装配式混凝土结构住宅建筑设计示例（剪力墙结构）》15J939—1

《预制钢筋混凝土阳台板、空调板及女儿墙》15G368—1

《预制混凝土剪力墙外墙板》15G365—1

《装配式混凝土结构连接节点构造》G310—1～2

《桁架钢筋混凝土叠合板》15G366—1

《预制钢筋混凝土板式楼梯》15G367—1

《混凝土结构施工图平面整体表示方法制图规则和构造详图》（16G101—1）

《建筑物抗震构造详图（多层和高层钢筋混凝土房屋）》11G329—1

《混凝土结构施工钢筋排布规则与构造详图》12G901—1

《装配式混凝土剪力墙结构住宅施工工艺图解》16G906

《装配整体式混凝土住宅构造节点图集》DBJT 08—116—2013

《装配整体式混凝土构件图集》DBJT 08—121—2016/2016 沪 G105

《预制装配式保障性住房套型（试行）》DBJT 08—118—2014

1.2.3 机电专业

《城镇给水排水技术规范》GB 50788—2012

《建筑给水排水设计规范》GB 50015—2003（2009 年版）

《民用建筑节水设计标准》GB 50555—2010

《消防给水及消火栓系统技术规范》GB 50974—2014

《公共建筑绿色设计标准》DG/TJ 08—2143—2014

《供配电系统设计规范》GB 50052—2009

《建筑设计防火规范》GB 50016—2014

《建筑照明设计标准》GB 50034—2013

《民用建筑电气设计规范》JGJ 16—2008

《火灾自动报警系统设计规范》GB 50116—2013

上海市《公共建筑节能设计标准》DGJ 08—107—2015

上海市《民用建筑电气防火规程》DG/TJ 08—2048—2008

第 2 篇　建 筑 设 计

本部分主要介绍 PKPM-BIM 系统中的建筑设计模块 PKPM-ArchiCAD 在装配整体式框架结构项目协同中的应用方法、基本操作、施工图出图及与其他专业相互提资等内容，具体应用流程如图 2 所示。

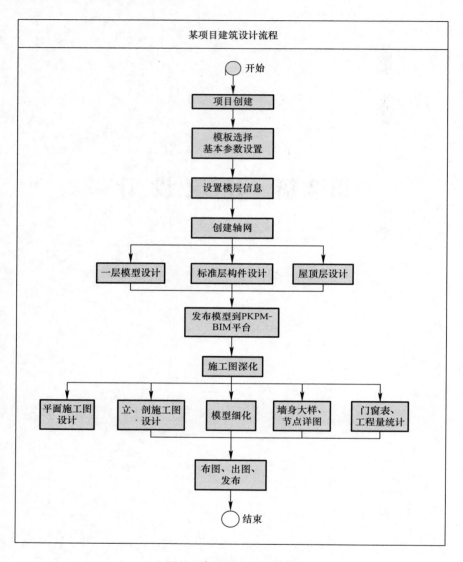

图 2　建筑部分应用流程

第2章 装配式建筑设计应用

本章主要介绍 PKPM-BIM 系统建筑设计模块在装配式建筑设计中应该注意的问题，以及针对装配式构件在建模过程中的处理方式。

该项目采用装配式框架结构形式，在建筑设计阶段主要考虑标准化、模块化、系列化的平面设计原理，以及多样化组合的立面设计手法。同时，还应符合模数协调标准和标准化的要求，在模数化的基础上以基本单元或基本户型为模块采用基本模数、扩大模数、分模数的方法实现建筑主体结构、建筑内装修以及内部部品等相互间的尺寸协调。

模数的采用及进行模数协调应符合部件受力合理、生产简单、优化尺寸来减少部件种类。目的是实现建筑部件的通用性和互换性，使规格化、通用化的部件适用于各类常规建筑，满足各种要求。同时，大批量的规格化、定型化部件的生产可稳定质量，降低成本。通用化部件所具有的互换能力，可促进市场的竞争和部件生产水平的提高。例如该项目轴网创建阶段就考虑了外立面规格的模数化问题，轴网的开间、进深参数比较规整，如图 2-1 所示。

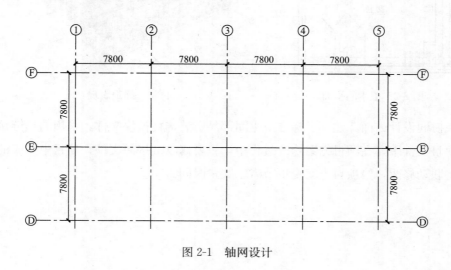

图 2-1 轴网设计

该项目规整的开间面宽尺寸，还保证了楼板、外墙板尺寸统一，整合预制构件尺寸，减少了外墙板及楼板的种类。

　　实施模数协调的工作是一个循序渐进的过程，对重要的部件，以及影响较大的部位可先期运行，如门窗、厨房、卫生间等。重要的部件和组合件应优先考虑规格化、通用化。

　　在项目设计过程中重点考虑了平面设计和立面设计两方面。由于该项目用途是厂房，平面设计时室内部分主要考虑卫生间部位，比如卫生间平面位置与竖向管线的关系、卫生间降板范围与结构的关系等。若采用标准化的预制盒子卫生间（整体卫浴），除考虑设备管线的接口设计，还应考虑卫生间平面尺寸与预制盒子卫生间尺寸之间的模数协调，如图 2-2 所示。

　　立面设计中，构件的复杂程度直接影响生产加工的可行性。根据装配式建造方式的特点，在实现立面的个性化和多样化的同时，在生产预制外墙板的过程中，可将外墙饰面材料与预制外墙板同时制作成型。该项目的外立面表现借用了预制柱、叠合梁部分，同时交替使用装饰柱、装饰梁形成较强节奏感的外观表现，如图 2-3 所示。

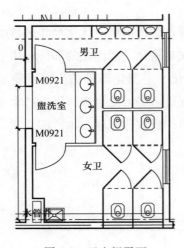

图 2-2　卫生间平面

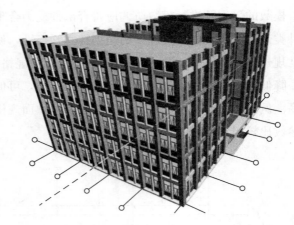

图 2-3　外观表现

　　在协同设计方面，建立了标准卫生间部品、装饰柱模块文件，采用的热链接方式引入项目文件中，在项目方案修改过程中，只要修改链接源文件，项目中对应的链接部位将联动修改，给项目方案变更节省了大量时间。

第 3 章　项目创建前期准备工作

本章主要介绍项目创建前期的准备工作，包括装配式技术应用、项目模板的创建、软件界面、面板对话框、坐标输入、快捷键方案、信息框、工作单位等系统工作环境设置，以及项目浏览器的设置，从而提高项目设计及出图效率。

模板选择和基本参数设置是项目前期准备工作不可缺少的一部分，模板中保存了用户设定的收藏夹、线型、填充、建筑材料、表面材质、图层及图层组合、画笔集、图形覆盖选项、模型视图选项、属性设定以及浏览器中的文档结构等。建议设置符合公司标准的模板，将该模板存成 .tpl 格式供其他项目引用，这既可以规范所有设计师的绘图标准，也可以大幅提高设计工作效率并能积累项目资料。

"系统环境设置"中的工作单位、快捷键方案、追踪器和坐标输入、元素属性信息、输入约束和辅助等系列参数可以根据设计师个人绘图习惯设置，方便设计师尽快上手软件。"浏览器"中各项内容的设置实际上是软件在项目中的应用流程，设计师在这里可以设置出图比例、图纸模板、公司图框、格式转换标准等。

3.1　模板选择

模板的作用是使新建项目能够按照一个样板模式快速启动，并使得企业内所有的设计项目按照同一个标准进行。模板对于各种规模的设计企业都是不可或缺的。它具有以下作用和意义：

☆ 具有多种项目类型所需要的作图环境和初始化设置；

☆ 规范化、系统化、标准化，并承载设计企业内部的绘图标准；

☆ 简化用户对系统的初始设置，提高生产效率；

☆ 保障设计产品的一贯品质和提升设计产品质量；

☆ 只有在统一的标准化环境中才能提供高效的协同设计。

启动模板文件为每个项目作业起点，它包含了标准的作图环境设置及最常用的工具设置，并最大限度地挖掘、利用 PKPM-ArchiCAD 的各种特性。本系统提供的中国模板给用户提供系统参考，建议用户在此基础上定制自己的模板以满足公司标准化需求。如图 3-1 所示。

图 3-1   模板选择

3.2   基本参数设置

在创建项目之前，我们先来对系统环境和浏览该项目的途径等参数进行设置。

3.2.1   系统环境设置

系统环境设置主要是针对软件界面、工具条面板、坐标输入、快捷键方案、信息框、工作单位等工作环境设置，提高项目设计效率。用户通过"选项"菜单下项目个性设置、工作环境进行相关设置，如图 3-2，图 3-3 所示。

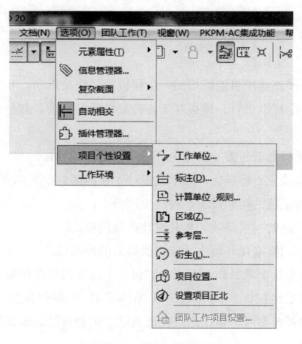

图 3-2   项目个性设置

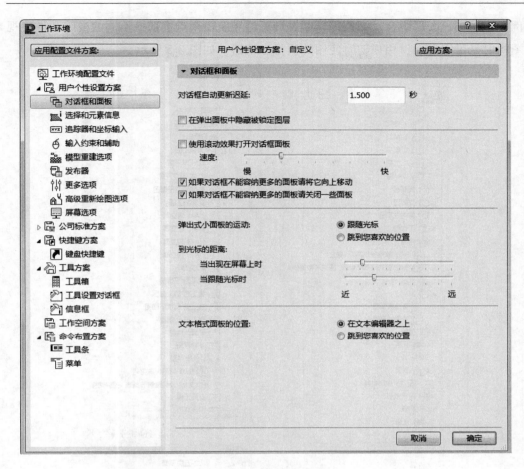

图 3-3　工作环境设置

3.2.2　浏览器

浏览器：是访问项目各个视图的导航面板，是显示项目结构和信息的重要窗口。其主要由四大部分内容及管理该四大部分的项目选择器组成。这四大部分的内容是：项目树状图、视图映射、图册、发布器集。

从建筑信息管理角度出发，项目的信息需要一个按类别、功能有序排列的垂直化管理方式，对建筑及建筑相关元素做出归纳从而便于信息化管理。

项目树状图⌂：以树状结构显示整个虚拟建筑模型的所有空间和非图形信息并保持它们的原始状态。如各个楼层的平面图、立面图、剖面图、室内立面图、工作图、详图、3D 视图、元素、清单、项目索引、列表、信息等。双击项目树状图的任何一项，将打开相应的窗口。如图 3-4 所示。

视图映射▣：是设定了特定显示状态的项目树状图内容。这些状态内容包括：比例、画笔集、图层组合及缩放等。通过浏览器导航栏来点击切换不同的视图文件。视图映射是可定义的、用户随时使用的项目导航器。如图 3-5 所示。

图 3-4　项目树状图　　　　　　　　图 3-5　视图映射

图册 ：对整个项目的图纸定义布图。

发布器集 ：是最强大的出图工具，同时也是格式转换工具。

第4章 项目方案设计

在上一章中，主要介绍了项目创建前期要做的准备工作。本章将介绍新项目创建方式、轴网、楼层信息设置、标准层主要建筑构件、台阶、无障碍坡道、雨棚、复杂屋面层、女儿墙等构件的详细创建方法及建模流程，并完成该项目标准层的创建。通过本章的学习，设计师能基本了解整个项目模型的创建流程和各类构件的创建方法。

4.1 创建项目

扫码看相关视频

4.1.1 创建新项目

运行 PKPM-BIM 系统，启动环境选择"建筑专业"，新建工程项目，如图 4-1 所示。

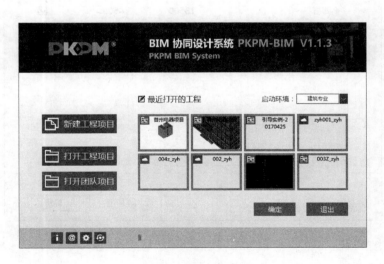

图 4-1 项目启动菜单

设置项目名称和项目路径，如图 4-2 所示。

根据项目需要选择企业模板，如图 4-3 所示。

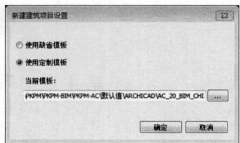

图 4-2　新建项目　　　　　　　　　图 4-3　模板选择

4.1.2　楼层设置

建筑楼层是建筑设计初期就确定的问题，我们 BIM 建模也不例外，首先需要确定楼层信息，协同工作时可直接提资给结构、机电专业。

选择"设计-楼层设置"，打开楼层设置对话框，设置项目楼层信息。如图 4-4所示。

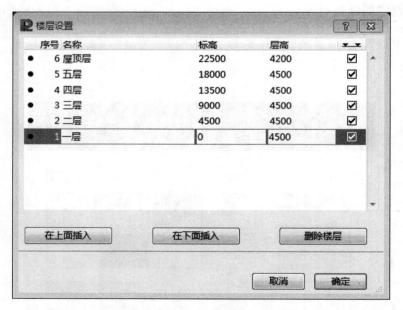

图 4-4　楼层设置

4.2　标准层设计

由于该项目二层以上是标准层，一层与标准层的相似度在 80％以上，我们可以先创建标准层（二层）。在项目浏览器中打开二层。

4.2.1 轴网元素设计

PKPM-ArchiCAD 中的轴网系统可被放置在平面图或 3D 窗口中，也可在剖面图、立面图、室内立面图和 3D 文档中显示。在其对话框中可以对几何形状、放置内容、平立剖面图显示、命名规则、显示楼层、错列、标记样式、所属图层等参数进行相关设置。根据项目实际需求可以用"轴网系统"或"轴网元素工具"创建轴网，轴网元素工具是单根绘制轴网的一种方式。这里，我们用"轴网系统"创建轴网。

选择"设计-轴网系统"菜单，弹出"轴网系统设置"对话框，参数设置如图 4-5 所示。

在二层平面图中拾取零点位置放置轴网，如图 4-6 所示。

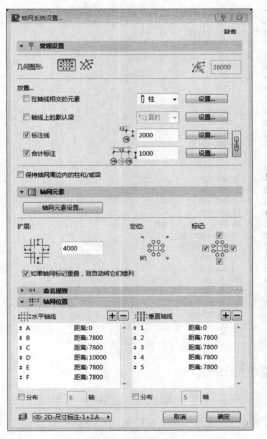

图 4-5　轴网系统设置对话框

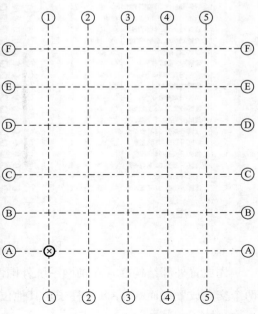

图 4-6　轴网系统

4.2.2　柱布置

程序中的柱由两个部分组成：一部分是承重的核心部分；另一部分是可选择的表面饰材，用来模拟防火层或各种包裹核心的装饰材料。柱的截面可以是矩形、圆形，或是更复杂的形状，取决于截面定义。

该项目中的柱子分承重柱和外装饰柱，为了方便编辑和修改，我们通过图层控制各类柱子，首先创建柱子图层。

选择"选项-元素属性-图层设置"菜单，或者通过快捷键 Ctrl＋L 打开图层设置对话框，并创建各类柱子所在图层，包括 3D-柱-内部、3D-柱-外部、3D-装饰柱、3D-装饰柱-小四个图层，新建图层如图 4-7 所示。

图 4-7　图层设置对话框

先放置外部结构柱，在轴网系统外围四个角点位置、轴线 5 与轴线 C、轴线 D 的两个交点放置截面 800×800 柱子，其他位置放置截面 800×600 柱子，柱子主要参数设置如图 4-8 所示。

放置结果如图 4-9 所示：框内柱子的截面是 800×800，其余柱截面为 800×600。

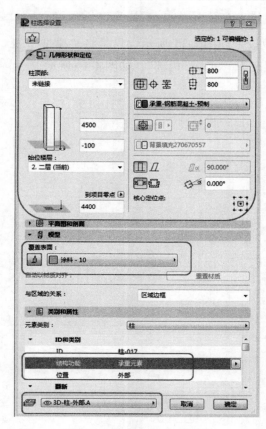

图 4-8　柱选择设置对话框

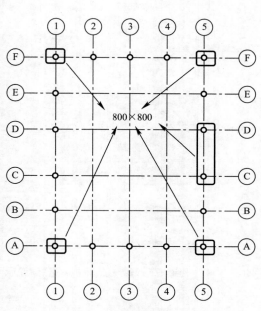

图 4-9　外部柱分布图

内部结构柱截面分别为 600×600，800×600，内部柱放置图层为"3D-柱-内部"，位置分布如图 4-10 所示。

4.2.3　梁布置

该框架结构中的梁只有主梁（700×400）、主梁（700×300），次梁（500×300）、次梁（500×200）四种规格，先创建外部主梁，外部主梁参数设置如图 4-11 所示。

布置方式为连续或矩形均可，如图 4-12 所示。

布置结果如图 4-13 所示，其中框内梁截面调整为 700×300，左侧梁边线到

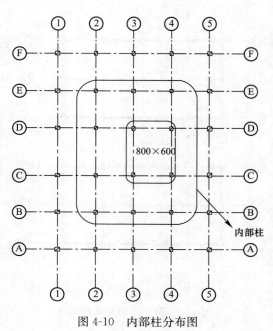

图 4-10　内部柱分布图

轴线 1 的距离是 2550。

同样方式布置内部主梁，内部主梁参数设置同图 4-11 所示，只是将"模型"表现材质修改为"001-内墙-涂料-白色"，图层改为"3D-梁-内部"，如图 4-14 所示。

图 4-11　梁选择设置对话框

图 4-12　几何布置方式

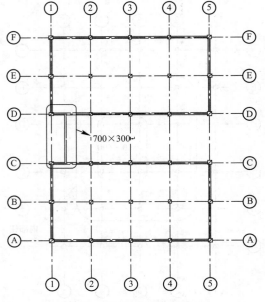

图 4-13　外侧主梁布置结果

图 4-14　内部主梁部分参数

主梁布置结果如图 4-15 所示。

接下来布置次梁，次梁参数设置如图 4-16 所示。

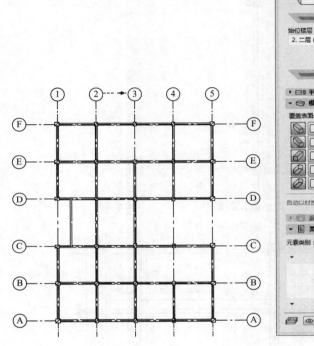

图 4-15　主梁布置结果

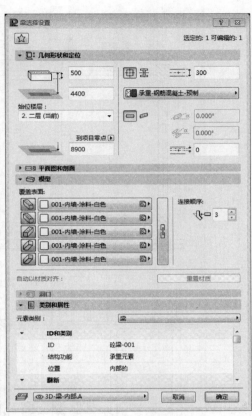

图 4-16　次梁参数设置

轴线 4、轴线 5 之间次梁布置如图 4-17 所示。

卫生间、楼梯间部分次梁截面为 500×200，具体位置关系如图 4-18 所示。

次梁最终布置结果如图 4-19 所示。

4.2.4　外墙布置

墙是建筑创建中的基础元素。当创建一面墙时既创建了墙轮廓、二维墙的图案填充，也创建了三维实体墙。程序提供多种墙创建方式，比如直墙、弯曲墙、梯形墙和多边形墙。同时，这些墙可以是简单的单一材料墙，或复合的由几种材料制作的墙。进而可以创建任何自定义形状的不同材料的复杂墙。

该项目中，为了方便墙体绘制，我们暂时关掉梁、柱所在的图层，通过 Ctrl＋L 打开图层管理器，在图层管理器中关闭对应图层。

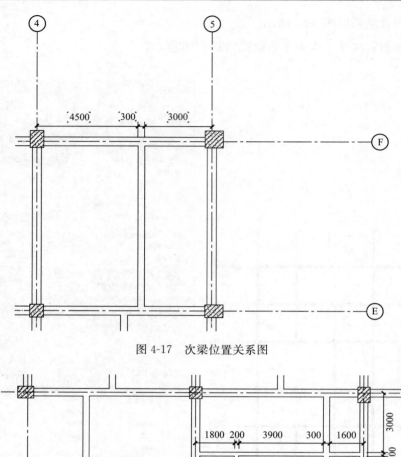

图 4-17　次梁位置关系图

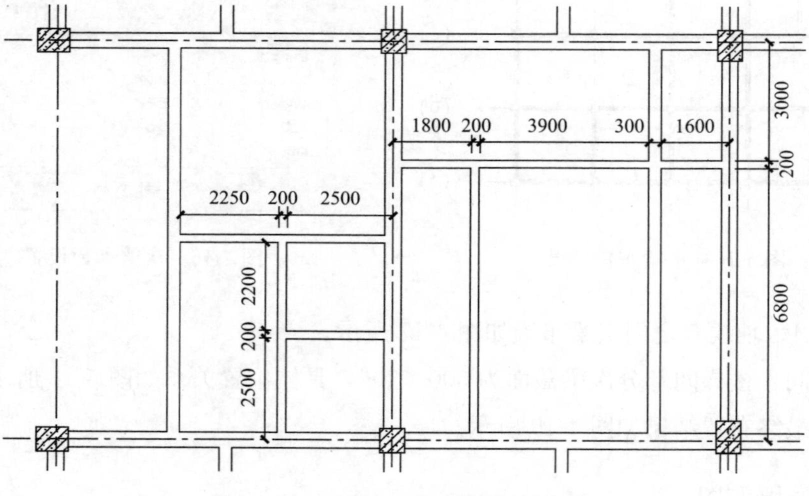

图 4-18　卫生间、楼梯间位置关系

墙体分为外墙、内部隔墙，其结构功能均为非承重结构，注意内、外墙图层设置。首先设置外墙参数，如图 4-20 所示。

外墙绘制结果如图 4-21 所示。

4.2.5　创建内墙

创建内墙，主要是楼梯间、卫生间隔墙，内墙主体参数设置如图 4-22 所示。

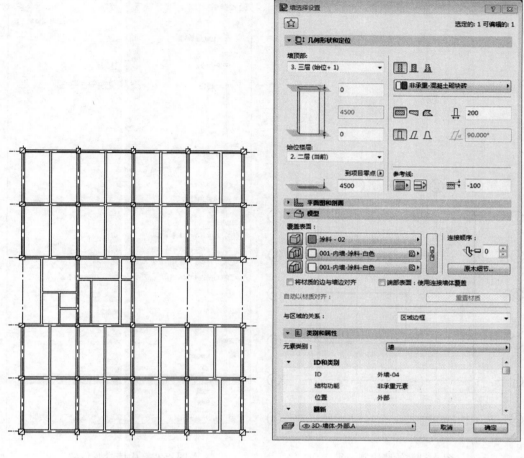

图 4-19　次梁布置结果　　　　　　图 4-20　外墙参数设置

楼梯间、卫生间部分墙体厚度是 200、100，具体可参照位置关系图中的标注，如图 4-23、图 4-24 所示。

4.2.6　布置门

门工具对话框中的卷展栏看上去很多，其实真正作用的就是那么几项，只要掌握其中的几项，大多数样式的门都可以调节出来，我们以其中的 1 号楼梯间门为例设置参数，创建门、洞口。

选择"门工具"打开对话框（双击门工具或点击一下门工具后按 Ctrl＋T 也可以调出此面板），可以看到对话框分为左右两栏，左边分为上下两栏，左上为图库路径，左下为图库预览（以图片方式出现），右边则是门的参数设置，共有 11 个卷展栏。如图 4-25 所示。

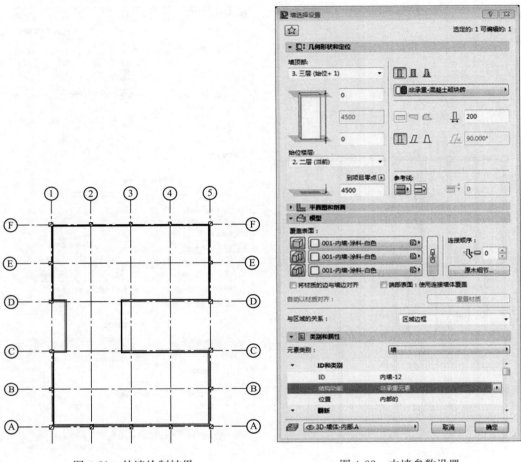

图 4-21　外墙绘制结果　　　　　　　　图 4-22　内墙参数设置

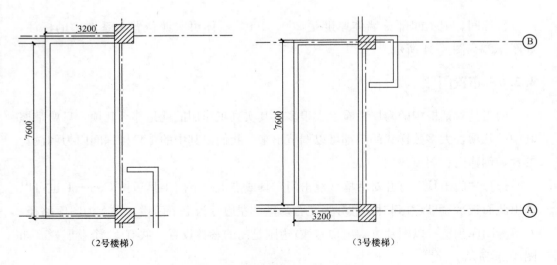

图 4-23　楼梯间墙体位置关系图

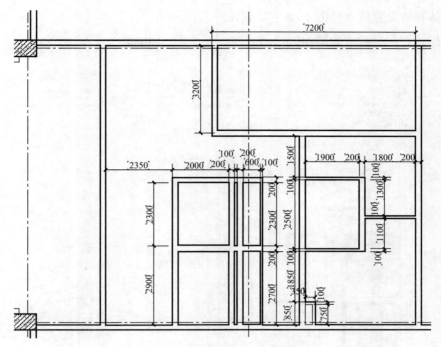

图 4-24　楼梯间、卫生间位置关系图

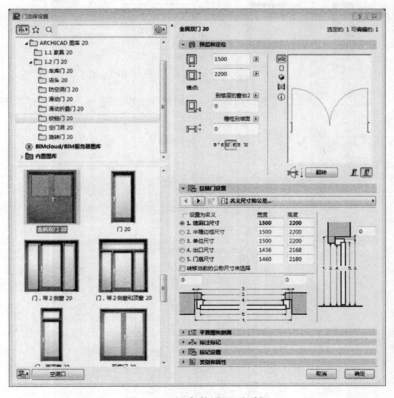

图 4-25　门参数设置对话框

具体参数设置依次见图 4-26～图 4-31。

门样式、洞口尺寸如图 4-26 所示。

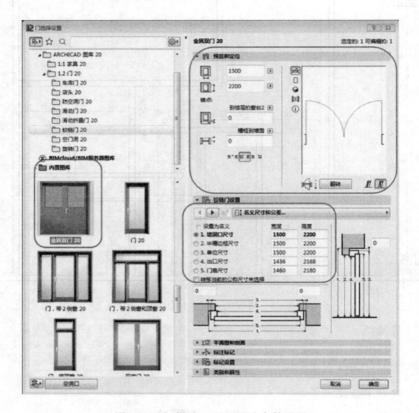

图 4-26　门样式、洞口尺寸参数设置

门扇尺寸设置如图 4-27 所示。

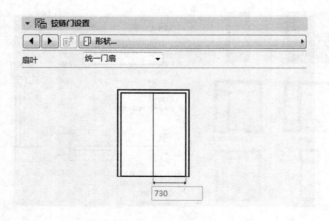

图 4-27　门扇尺寸设置

门的开启类型及角度设置如图 4-28 所示。

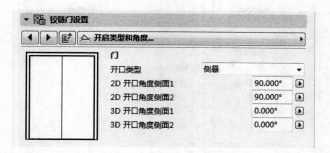

图 4-28　门的开启类型及角度设置

模型属性中材质、画笔设置如图 4-29 所示。

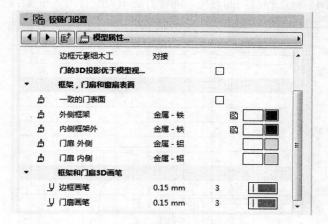

图 4-29　模型材质、画笔设置

平面图和剖面图中画笔、填充、背景等设置如图 4-30 所示。

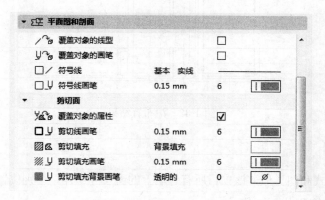

图 4-30　平面图和剖面图中画笔、填充、背景等设置

类别属性中结构属性、ID、位置等参数设置如图 4-31 所示。

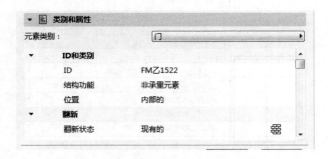

图 4-31　类别属性参数设置

设置完一系列参数后，点击确定，移动鼠标布置门，布置过程中通过移动鼠标和图面上出现的"小太阳"标志控制门的方向，同样方法布置所有门。布置结果如图 4-32 所示。

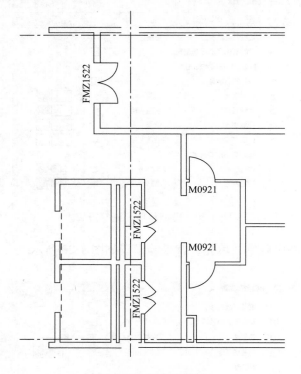

图 4-32　门布置结果

4.2.7　布置窗

窗的布置方式和门类似，该项目所有外墙上的窗尺寸一样，个别位置单独调整即可。

窗参数设置流程如下：

窗样式、洞口尺寸、形状设置如图 4-33 所示。

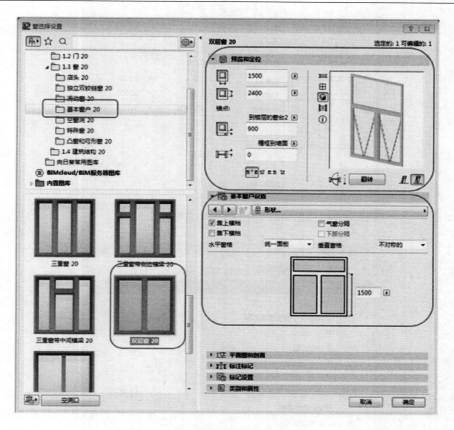

图 4-33 窗样式、洞口尺寸、形状设置

窗户设置和开口参数参照图 4-34 所示。

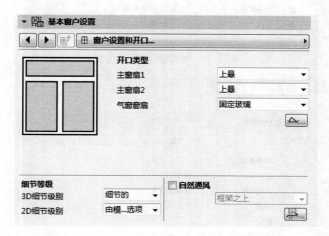

图 4-34 窗户和开口参数设置

开口类型和角度设置参照图 4-35 所示。

模型属性中开启线、框架和窗扇表面材质参数设置如图 4-36 所示。

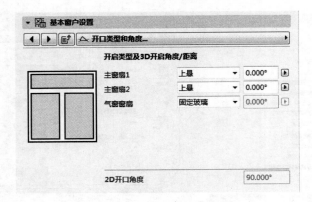

图 4-35　开口类型和角度设置

图 4-36　模型属性参数设置

类别和属性设置如图 4-37 所示。

图 4-37　类别和属性设置

窗在外墙上两个柱子间位置关系如图 4-38 所示，其他位置相同。

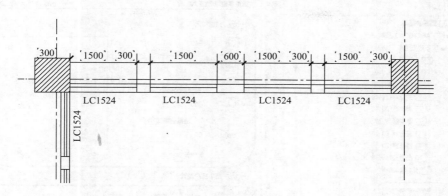

图 4-38　窗在外墙上两个柱子间位置关系

最终布置结果 3D 视图如图 4-39 所示。

图 4-39　3D 视图

轴线 C、轴线 D 之间长窗参数设置流程如下：

窗类型选择"垂直多窗框窗口"，基本窗户设置中"形状"设置如图 4-40 所示。

窗户设置和开口栏中参数设置如图 4-41 所示。

窗扇选项参数设置如图 4-42 所示。

开口类型和角度栏中的窗扇均设置为"固定玻璃"，如图 4-43 所示。

类别和属性中的 ID 号设置为 LC9424。

最终布置结果如图 4-44 所示。

4.2.8　创建楼板

该项目中的楼板采用复合结构材料创建，首先我们先创建复合结构材料。

打开"选项-元素属性-复合结构"菜单，新建厂房部分的楼板，命名为 00，通过"插入复合层"、"去除复合层"按钮添加、删除复合层，其具体参数设置如图 4-45 所示。

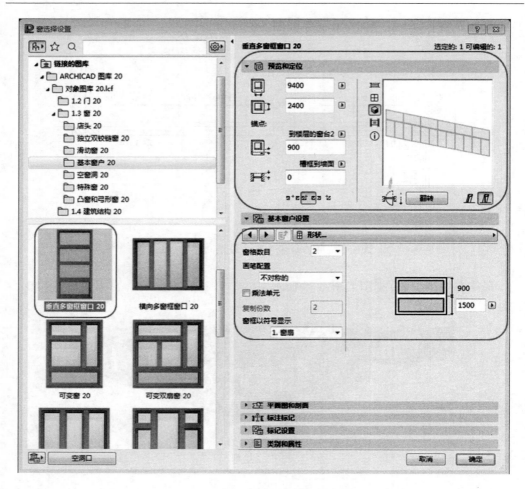

图 4-40　窗类型设置

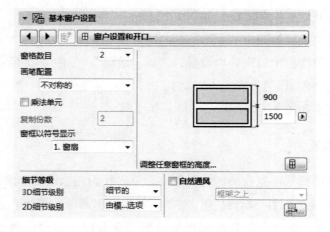

图 4-41　窗户设置和开口参数设置

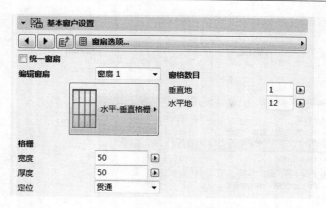

图 4-42 窗扇选项参数设置

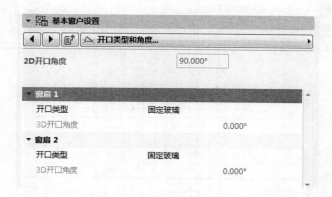

图 4-43 开口类型和角度栏设置

图 4-44 LC9424 窗 3D 效果

同样方法创建楼梯间、卫生间楼板复合结构材料，命名为"楼梯间"，参数设置如图 4-46 所示。

接下来开始在各个房间创建楼板，打开"板"工具，设置厂房内楼板参数，具体参数设置如图 4-47 所示。

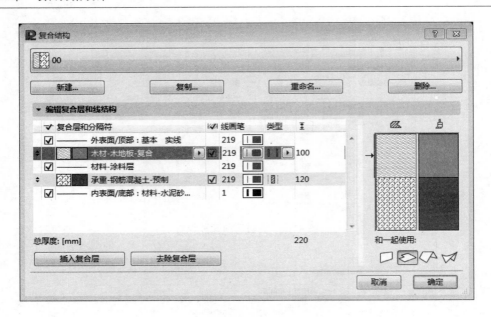

图 4-45　复合结构设置

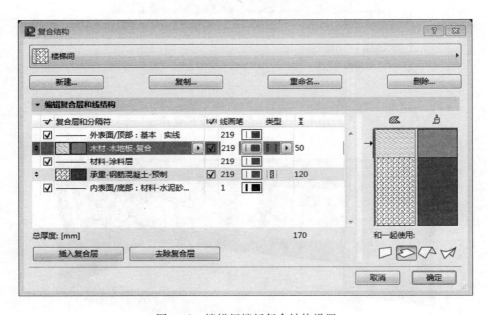

图 4-46　楼梯间楼板复合结构设置

按住"空格"键启动魔棒工具，当鼠标变成 标志时，在两个厂房房间内拾取任意一点生成楼板，如图 4-48 所示。

同样方法，布置楼梯间、卫生间楼板，其复合结构材料选择"楼梯间"，并设置为承重结构。

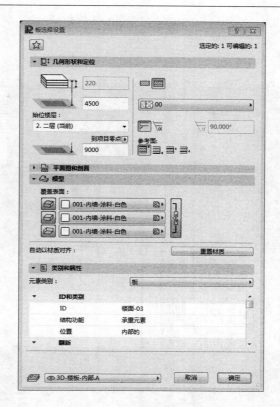

图 4-47　厂房内楼板参数设置

4.2.9　定义功能分区

区域是项目中的空间单位。通常，它们代表房间、建筑的组团或建筑的功能分区等；3D 中的区域体块也可以用于简单的大型建筑位置关系模拟。在项目中创建的每个区域都在区域设置对话框中分配了一个区域类别，区域类别的主要功能是，使用颜色或填充样式对项目空间的不同类型进行视觉上的区分。

首先创建厂房部分区域，其参数设置如图 4-49 所示。

点击确定，按"空格"键启动魔棒工具生成区域。

用同样方法根据需求自定义其他房间区域。

扫码看相关视频

4.2.10　放置楼梯

该项目中有 1 号、2 号、3 号楼梯，这里以 1 号楼梯为例做详细说明。

打开"楼梯"菜单，通过自带楼梯插件创建楼梯，如图 4-50 所示。

通过"创建楼梯"进入"楼梯类型选择"对话框，并选择"有平台的 U-弯楼梯"。如图 4-51 所示。

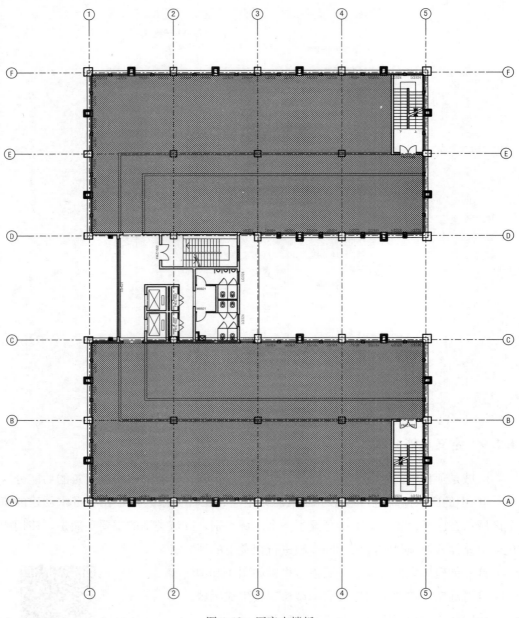

图 4-48　厂房内楼板

点击"确定"后依次设置楼梯参数，流程如下：

（1）几何形状和梯段设置

每个参数前边都有一个小锁子，设置完成后可以直接锁定，需要注意的是：踏板设置下加粗的字体是计算规则，也就是：（2X 踢面板）X 踏面板的取值范围，如果超出了这个范围，是设置不了的，如果比较特殊的楼梯超出最大值或小于最小值，可以调整一下加黑字体右侧的数值。具体参数设置如图 4-52 所示。

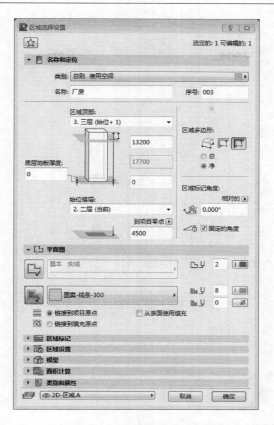

图 4-49 区域参数设置

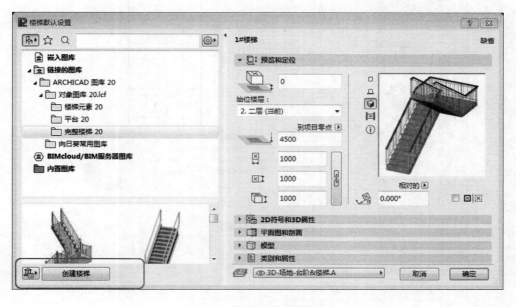

图 4-50 楼梯默认参数设置

图 4-51　楼梯类型选择

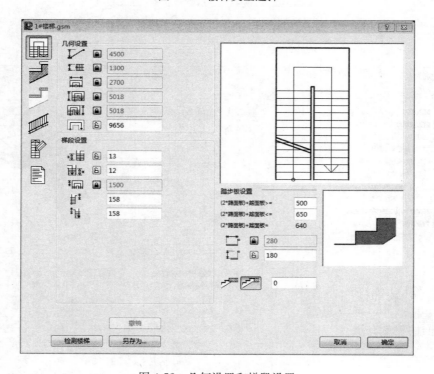

图 4-52　几何设置和梯段设置

（2）结构和平台设置

调整梯板厚度和材质，如图 4-53 所示。

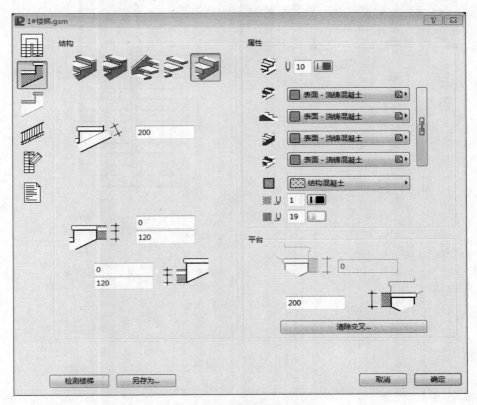

图 4-53 梯板参数设置

（3）扶手设置

这个可以设置楼梯扶手的类型和显示方式，如果选择单侧扶手，需要在右侧预览图中点击选择显示那一侧的扶手，如果选择无扶手，同样要在预览图中点击选择。详见图 4-54。

（4）列表设置

与清单列表有关系，不用操作，默认即可。设置完成后点击确定，会弹出保存楼梯对话框如图 4-55 所示，同时命名为"1♯楼梯"，保存成一个图库文件。

根据命令行提示，在 1 号楼梯间布置楼梯，如图 4-56 所示。

4.2.11 外装饰柱创建

装饰柱除具有承受重量，还有美化装饰作用。它和墙面、屋顶及室内外其他设计构成一个整体。该项目外墙在两个构造柱之间均布置装饰柱，包括两个尺寸：600×600、300×425。

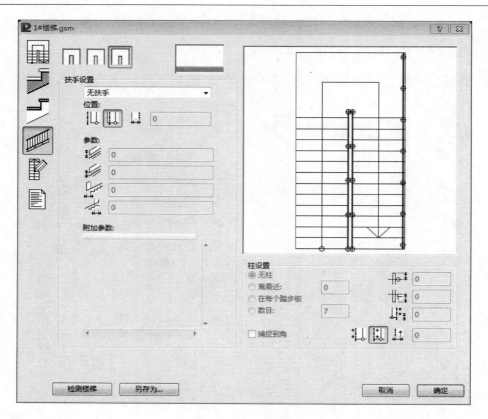

图 4-54 扶手设置

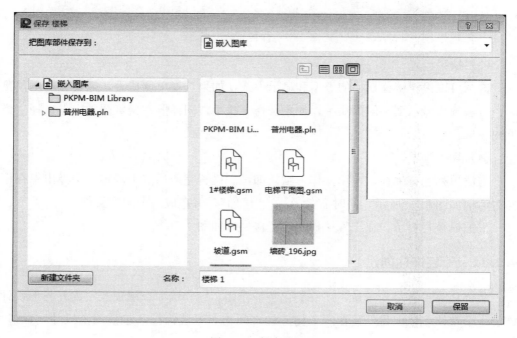

图 4-55 保存位置

　　装饰柱的创建方式很多，比如变形体工具、复杂截面、柱体、板工具等，这里我们以用板工具创建为例做详细说明。

　　选择"板工具"，设置参数如图 4-57 所示。

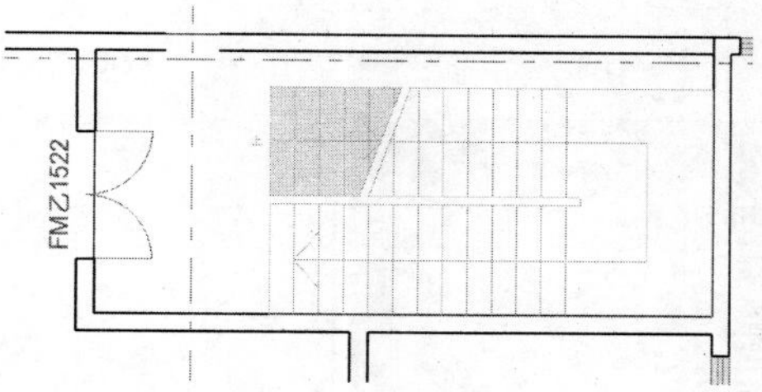

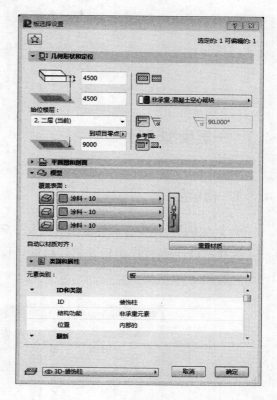

图 4-56　1 号楼梯

图 4-57　外装饰柱板参数设置

　　点击"确定"绘制 600×600 的板。

　　在板上开洞，选中"板"工具使其高亮显示，然后再选中刚刚绘制的板，在板上绘制 400×500 的矩形，完成开洞，如图 4-58 所示。

　　同样方法，创建 300×425 装饰柱，将其放在"3D-装饰柱-小"图层。最终布置结果及 3D 显示如图 4-59 所示。

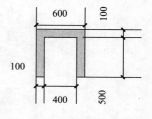

图 4-58　装饰柱截面样式

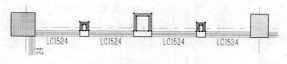

（1）装饰柱平面位置

图 4-59　装饰柱（一）

（2）装饰柱3D效果

图 4-59　装饰柱（二）

4.3　一层模型设计

4.3.1　楼层复制

由于该项目一层构件和标准层有很大一部分相似，这里将标准层模型复制给一层。

选择"设计-按楼层编辑元素"功能，设置复制构件、楼层等信息将二层复制给一层，如图 4-60 所示。

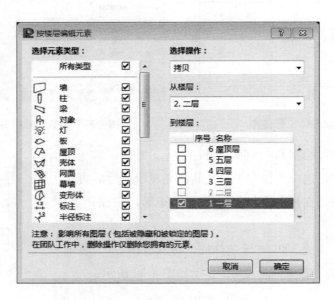

图 4-60　按楼层编辑元素对话框

确定后，将视图切换到一层，此时一层具有和二层完全一样的模型。

4.3.2　创建主入口门、次入口门

首先删除二层复制下来的窗 LC9424，同时利用门工具创建 9400×2400 的洞口。

　　这里通过幕墙工具创建主入口门，选择"幕墙"工具，几何形状和定位及类别设置如图 4-61 所示。

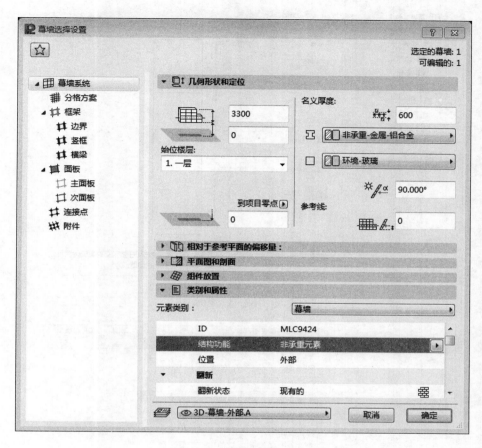

图 4-61　幕墙工具对话框

　　分格方案设置如图 4-62 所示。

　　边框尺寸设置均为 50，主次面板类型选择为"幕墙面板 20"，其他设置默认值。

　　将设置好的幕墙放置在 9400×2400 洞口处，切换到 3D 视图下选中该幕墙，弹出"编辑"蓝色字体，点击启动编辑对话框，选中中间四个分格面板，选中左上角弹出的小面板中的"系统设置"按钮，将其类型改为"幕墙门 20"，具体参数设置如图 4-63 所示。

　　完成主入口门创建如图 4-64 所示。

　　接下来用门工具创建次入口门，具体参数设置如图 4-65 所示。

　　依次在如图 4-66 所示位置布置次入口门。

　　3D 布置效果图如图 4-67 所示。

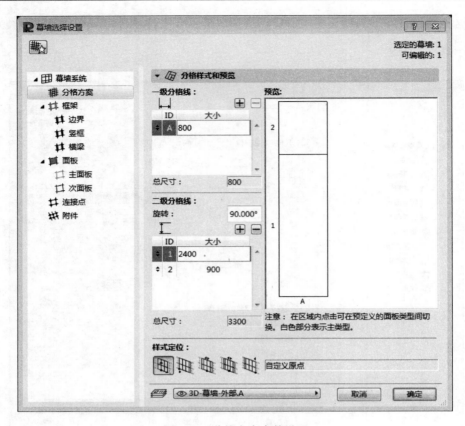

图 4-62　分格方案参数设置

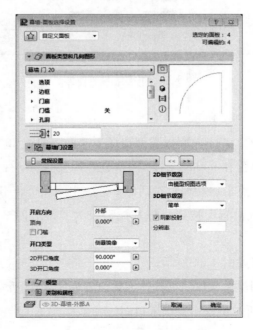

图 4-63　面板类型设置

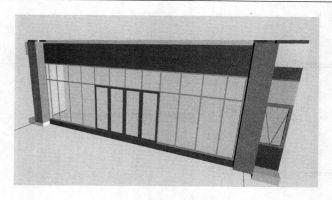

图 4-64 主入口 3D 表现

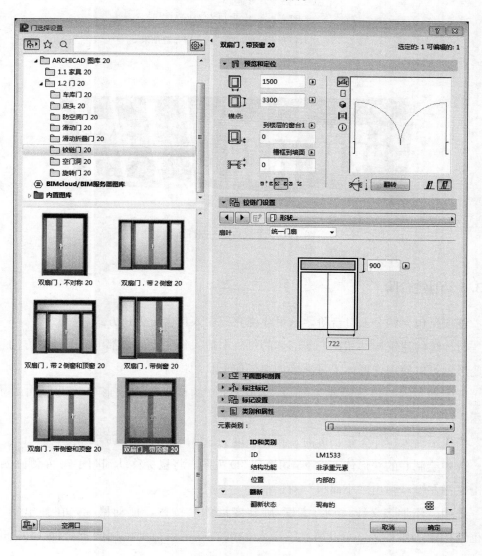

图 4-65 门参数设置

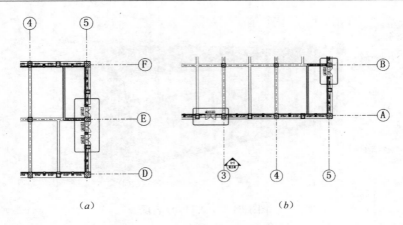

图 4-66 次入口布置图

（*a*）次入口布置结果；（*b*）次入口布置结果

图 4-67 次入口部分 3D 效果

4.3.3 创建台阶

该项目包含四个入口台阶，这里详细介绍主入口台阶创建方式。

与传统的建筑构件相比，变形体的每一个边、每一个面，都可以向任意方向移动和变形，可以使用变形体工具准确创建任何形状的构件。

首先在主入口位置绘制 9400×2300×300 的变形体，变形参数设置如图 4-68 所示。

当提示输入拉伸矢量长度时，拉伸长度为 300，如图 4-69 所示。

选中绘制好的变形体，按 F5 切换到 3D 视图，将鼠标移动到图 4-70 左侧圆圈处，点击鼠标左键，弹出"小面板"对话框。

选中"添加多义线/矩形/方框/旋转变形体"按钮，拖动鼠标，在弹出的"信息框"中第一维输入 300，第二维输入 9400，确定后拖动鼠标向下拉伸 150，完成创建。

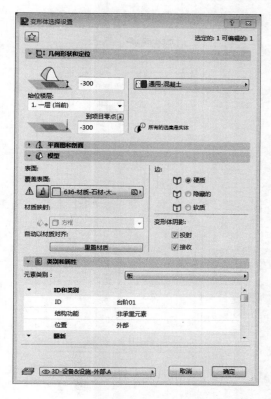

图 4-68 变形参数设置

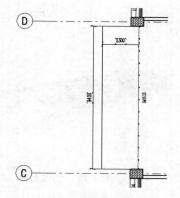

图 4-69 创建的变形体位置、尺寸

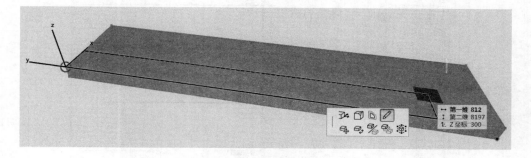

图 4-70 对变形体编辑

同样的方法调整右侧台阶，最终结果如图 4-71 所示。

4.3.4 无障碍坡道设计

主入口处需要设计无障碍坡道，这里我们利用楼梯工具创建无障碍坡道。

打开楼梯工具，选择"斜坡"类型，如图 4-72 所示。

坡道参数设置流程如下：

几何参数设置如图 4-73 所示。

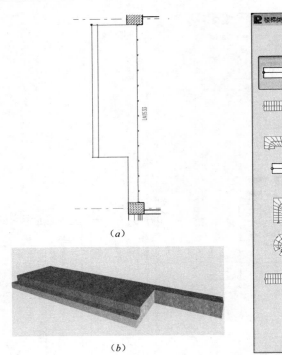

（a）

（b）

图 4-71　创建台阶

（a）平面显示；（b）3D 显示

图 4-72　斜坡类型选择

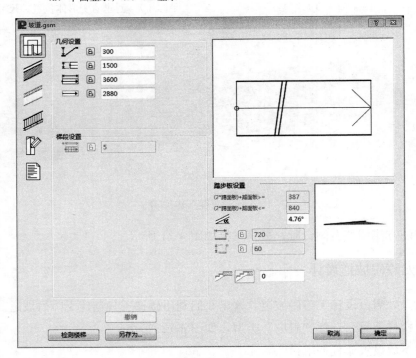

图 4-73　坡道几何参数设置

结构及平台设置如图 4-74 所示。

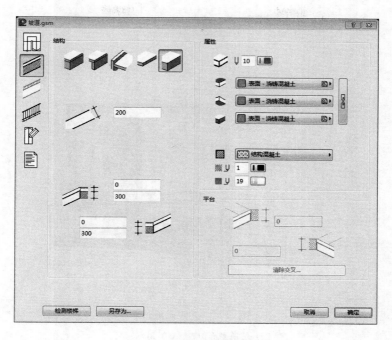

图 4-74 平台设置参数

栏杆扶手设置如图 4-75 所示。

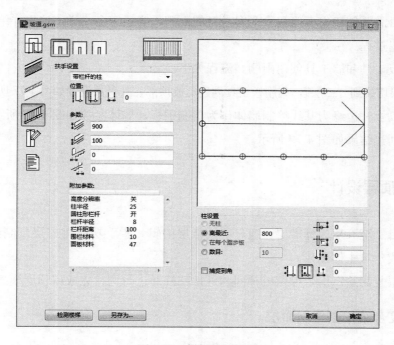

图 4-75 栏杆扶手设置

另存为"坡道",放置到图中相应位置,如图 4-76 所示。

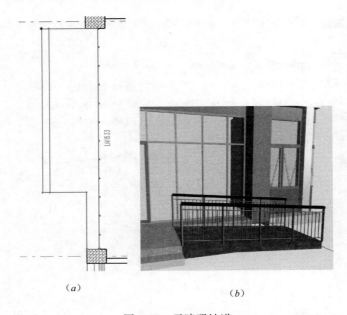

（a）　　　　　　　　　　　　　（b）

图 4-76　无障碍坡道

（a）坡道平面位置；（b）3D 效果

4.3.5　创建雨棚

该项目需要创建主入口和三个次入口的雨棚,样式完全一样,这里详细讲解主入口雨棚创建过程。

利用板工具和墙工具创建雨棚,流程如下:

将楼层切换到"二层",利用板工具创建雨棚顶部,其参数设置如图 4-77 所示。

然后以板外边缘为基线绘制墙体作为雨棚围栏,墙体参数如图 4-78 所示。

雨棚创建结果如图 4-79 所示。

4.4　屋顶层设计

该项目二至五层为标准层,通过"按楼层编辑元素"功能将二层复制给三、四、五层,完成建筑主体创建。

将五层复制给六层,保留电梯间和外部墙柱并进行调整完成屋顶层模型。

4.4.1　复合结构创建屋面层

屋面就是建筑物屋顶的表面,屋面一般包含混凝土现浇楼面、水泥砂浆找平层、

图 4-77 雨棚板参数设置

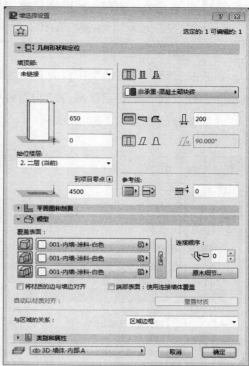

图 4-78 雨棚围栏参数设置

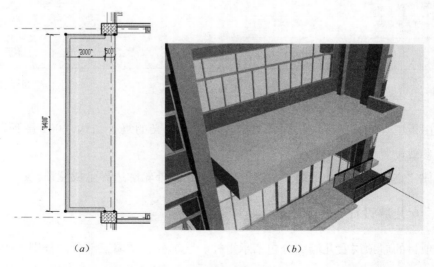

（a）　　　　　　　　　　　　　　（b）

图 4-79 雨棚

（a）平面位置图；（b）3D 显示

保温隔热层、防水层、水泥砂浆保护层、排水系统、女儿墙及避雷措施等，特殊工程时还有瓦面的施工。

这里通过"复合结构"功能创建屋面层。

打开"选项-元素属性-复合结构"菜单设置屋顶层的复合结构材料,通过"插入复合层"添加屋顶包含的面层。

在"复合结构"对话框中设置各层建筑材料、画笔颜色、线宽、所属类型、面层厚度等参数,同时要确定该复合结构对哪些构件使用,如墙、板、屋顶、壳体等。

详细参数设置如图 4-80 所示。

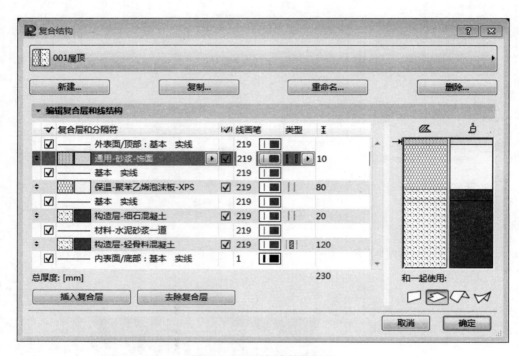

图 4-80 屋顶复合结构设置

利用板工具创建屋顶,结构样式选择上面自定义的复合结构"001 屋顶",板工具其他参数设置如图 4-81 所示。

按住"空格"键启动魔棒工具,通过搜索建筑外轮廓边界生成屋顶。

4.4.2 女儿墙设计

该项目的屋顶层女儿墙部分包括承重柱、装饰柱、矮墙三部分。分别选中下一层的承重柱、装饰柱、外墙复制到屋顶层,依次调整参数即可,例如外墙参数设置如图 4-82所示。

原有的承重柱设置为非承重柱,具体参数设置如图 4-83 所示。

其他装饰柱也做对应修改,屋顶层最终结果如图 4-84 所示。

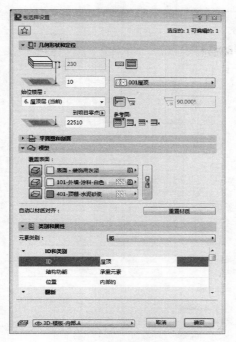

图 4-81 屋顶结构设置

（a）

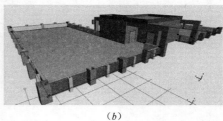

（b）

图 4-82 女儿墙

（a）女儿墙参数设置；（b）外墙 3D 显示

图 4-83 女儿墙中柱参数设置

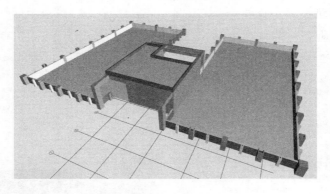

图 4-84 屋顶层

第5章 协同项目应用

提到 BIM 必然要提到协同设计，协同设计也就是项目成员在同一工作环境下用同一套标准来完成一个设计项目，在设计过程中各专业并行设计、及时沟通。

基于 BIM 的设计不仅要求各专业之间配合好，还要求精确、协调、同步。协同设计的最终目的是使建筑设计各专业内和专业间配合更加紧密，信息传递更加准确有效、减少重复性劳动，最终实现设计效率的提升。

PKPM-BIM 系统为项目管理协同设计工作提供项目资源管理功能，包括团队人员、项目管理、成员与角色、权限设置、模型统计及提交记录查看等。该管理系统是使用 Web 浏览器进行访问的，交互界面是以网页形式提供的。不同角色的用户在此系统中将被限制使用不同范围的功能。

5.1 发布模型到 PKPM-BIM 平台

建筑模型创建完成后，发布到 BIM 平台将建筑数据提资给结构、机电专业。结构专业可以将建筑模型转换成结构模型。机电专业可以读取建筑楼层信息，参照建筑模型进行机电专业构件设计。

选择"PKPM-AC 集成功能-模型导入导出-发布 PKPM-BIM 模型"功能，如图 5-1 所示。

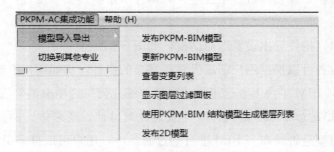

图 5-1　发布 BIM 平台菜单

选择发布 BIM 模型时会弹出"图层过滤设置"对话框，如图 5-2 所示。

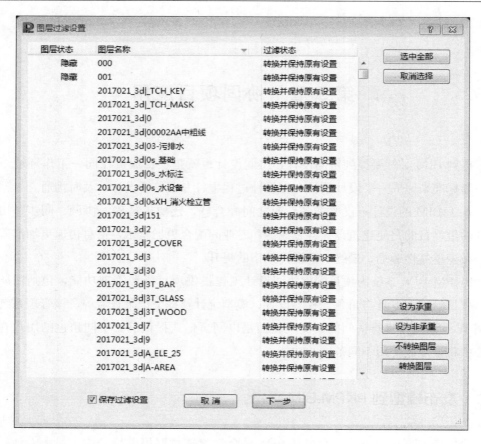

图 5-2　图层过滤设置

在图层过滤设置对话框中可以设置各个图层构件的过滤状态，包括转换并保持原有设置、转换并设置为承重构件、转换并设置非承重构件、不转换该图层构件四种状态。

由于该项目模型在创建过程中已经针对构件承重属性做了设置，这里按默认图层设置参数转换。

同时会弹出"构件导出设置"对话框，如图 5-3 所示。

构件导出设置可以根据用户需求设置要发布的构件，比如用户不想将模型中的幕墙导出到 PKPM-BIM 平台上，这里将"幕墙详细几何"选项取消勾选即可。

"过滤多边形超过 10000 的构件"一般是针对幕墙、变形体、网面、壳体等创建的大体量复杂模型是否发布到 BIM 平台的过滤条件，用户可以自定义。

该项目导出所有构件，即勾选图 5-3 中的所有选项，当提示"模型导出成功"后，切换到 PKPM-BIM 平台，发布到 PKPM-BIM 平台的模型如图 5-4 所示。

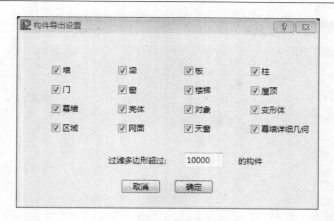

图 5-3　构件导出设置

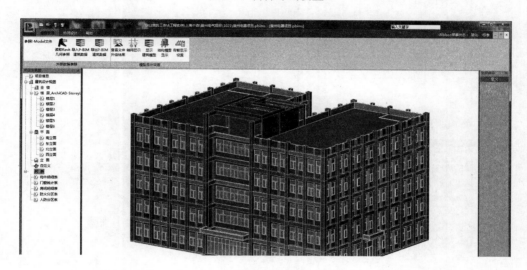

图 5-4　BIM 平台效果

5.2　创建协同项目

PKPM-BIM 系统提供的创建协同项目的方式可以从网页端创建，也可以在各专业模块中创建，无论哪种方式创建的协同项目，都会在网页端进行成员与角色管理、权限设置等。

图 5-5 为浏览器中的登录界面。

登录到服务器后，管理员可以创建新项目，如图 5-6 所示。

接下来在网页端新增团队成员，并通过"团队管理"功能对团队人员进行管理，可以对每个角色进行权限设置，用于工作分工，团队管理还包含了对于系统消息分发的配置功能，该功能供管理用配置时使用。如图 5-7 所示。

图 5-5　浏览器登录界面

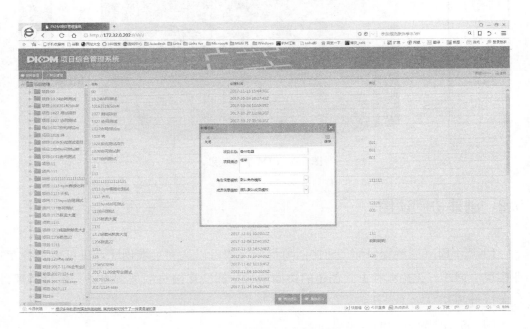

图 5-6　网页端创建新项目

该项目我们先创建了建筑模型，我们从综合浏览模块创建联机项目，具体操作流程如下：

在"BIM综合浏览"中选择"协同设计-创建联机项目"。

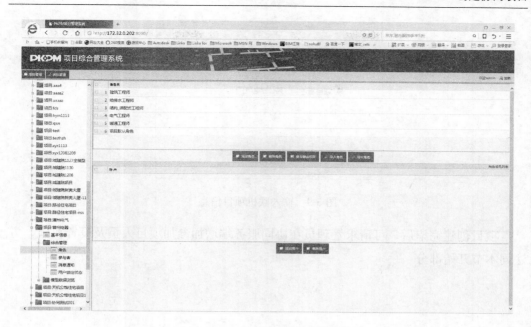

图 5-7 项目综合管理系统

根据提示，在"创建联机项目"对话框中设置服务器、登录用户名和密码，如图 5-8 所示。

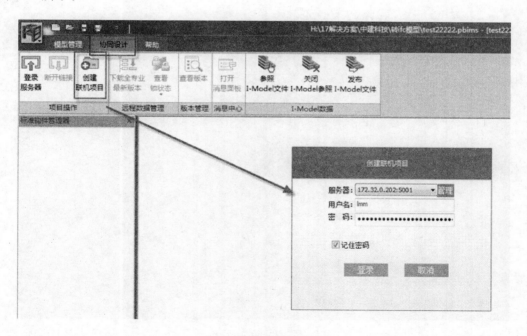

图 5-8 创建联机项目

登录服务器后，在"创建联机项目"对话框中输入新建项目相关信息，确定后完成项目创建，如图 5-9 所示。

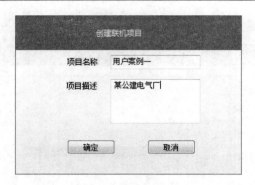

图 5-9　输入联机项目信息

　　项目创建完毕后，可请求管理员在协同服务端增加参加项目人员及设置权限，方法同本节开始部分。

第6章　施工图深化

一般情况下，初步建立的 BIM 模型并没有达到施工图的精度，设计师在生成施工图的时候还需继续对模型进一步细化。同时，还需对图层、画笔、线型、填充、构件的二维表现等做进一步的设置和编辑，以到达施工图的要求，这里提供的中国模板基本上可以满足需求，但各设计单位还需对模板进行调整使之达到符合自己单位的出图要求。

6.1　前期准备及模型细化

6.1.1　项目信息

项目信息里面包括了项目所必须储存的基本信息，包括四大类内容：客户基本信息、项目概况信息、设计人员信息、用户自定义信息。

项目信息作为自动文本模板已经将它们插入到应该出现的地方，比如布图中的图框内的客户信息、项目名称、项目编号等，施工图设计说明、防火专篇、节能设计专篇等各类说明中引用的信息。用户可以自定义该类信息，如图 6-1 所示。

6.1.2　图层、图层组合

程序自带预定义的图层设置。每个元素都有一个默认图层分配，每放置一个元素，该新元素则自动放置在相应的图层上（如外墙、柱、梁）。另注意，门、窗、墙端和角窗没有独立图层，它们与放置墙的图层一起处理。图层和图层组合是施工图设置中的重要内容之一。图层管理的优势在于对图层和图层组合进行系统命名。名称采用多代码组合的形式表述图元的 2D、3D 属性、类型、子类型、专业属性等。

图层的扩展名可用于专业属性。利用扩展名可过滤的特性，根据专业需要滤掉冗余的非本专业图层列表，方便各专业自身使用。图层组合为图层的组合显示、隐藏、锁定等状态提供了一键式管理，显著提高管理效率。图层组合的设立是结合建筑专业自身需要及各个工种的需要添加和新建，用来直接控制图面的显示内容。程序提供的中国模板中图层设置如图 6-2 所示。

图层是全局性的，相同的图层在全部楼层上，在全部窗口中都是可用的。

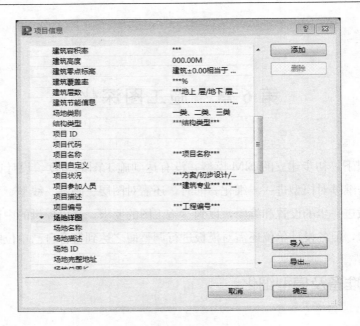

图 6-1　项目信息设置对话框

图 6-2　图层设置对话框

6.1.3　画笔集

　　每个画笔都有特定的颜色和画笔宽度，当"屏幕视图选项"开启状态下（加粗剪切线、真实线宽）可影响线在屏幕上的显示，画笔和颜色可以选用系统原始设置或由用户自己定义，但在公司范围内应统一使用一套调色板。中国模板提供了多套画笔调色板，这些画笔集在"选项-元素属性-画笔和颜色"中显示和管理。可用于各种不同用途，如图形设置、视图设置等。如图6-3所示。

　　通过"编辑颜色"可以调出调色板，调整不同线型的颜色，如图6-4所示。

6.1.4　模型视图选项设置

　　模型视图元素的显示和输出可以在"文档-模型视图-模型视图选项"中统一设置。它会影响整个项目的结构元素，以及某些GDL对象在屏幕上的显示和输出显示。

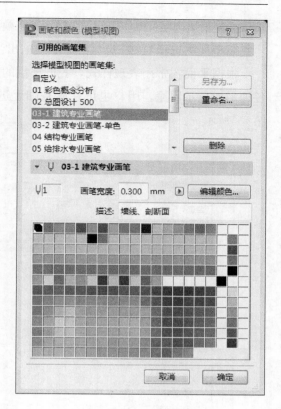

图6-3　画笔和颜色设置

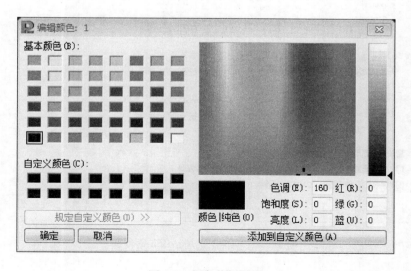

图6-4　颜色编辑设置

模型视图选项可以应用到每个视图。将模型视图选项组合另存为视图设置的一部分。模型视图选项对 3D 窗口的显示或输出没有影响。

根据平面图常用表现样式，我们提供的模板设置了 5 种显示选项配置方案，满足各种平面显示用途，用户也可在此基础上进行修改，针对该项目二层平面图设置如图 6-5 所示。

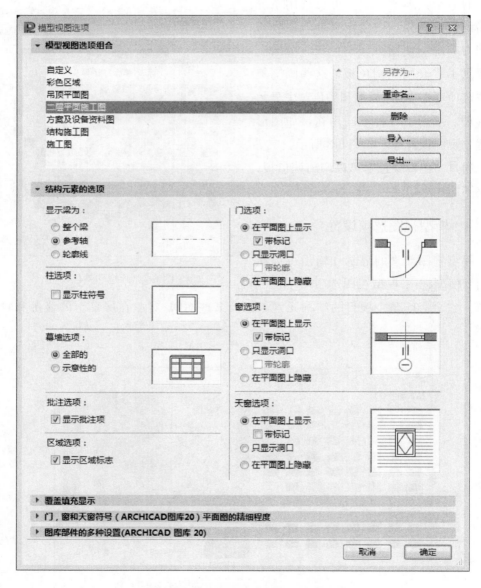

图 6-5　模型视图选项结构元素设置

视图中关于门窗平面图设置如图 6-6 所示。

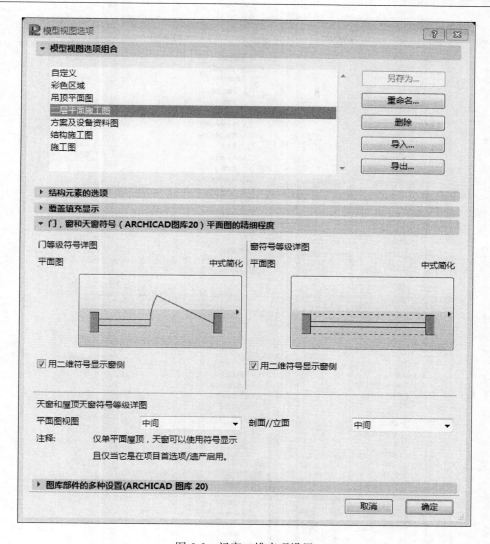

图 6-6 门窗二维表现设置

6.1.5 门、窗基本参数设置

平面施工图中，门窗名称显示是不可缺少的一项，这里需要一系列的设置才能完美地显示出符合国家标准要求的样式，具体流程如下：

先选中"窗工具"，通过"Ctrl＋A"选中所有窗户，打开"窗选择设置"对话框，依次调整标记标注、标记设置参数，其流程如下：

"平面图和剖面"栏中参数设置如图 6-7 所示。

"标注标记参数"设置如图 6-8 所示。

标记设置栏下设置标记几何形状参数，如图 6-9 所示。

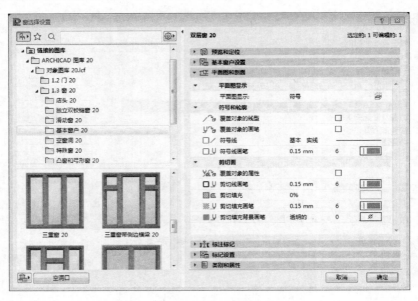

图 6-7　窗平、剖面显示设置

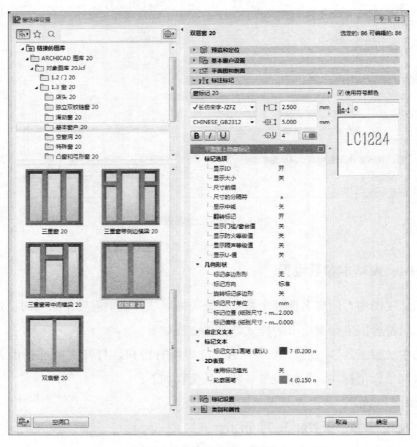

图 6-8　窗标注标记设置

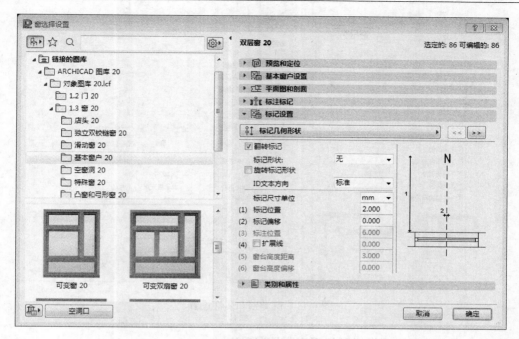

图 6-9 窗标记几何形状设置

标记内容 1-ID、窗台、直径栏中的参数设置如图 6-10 所示。

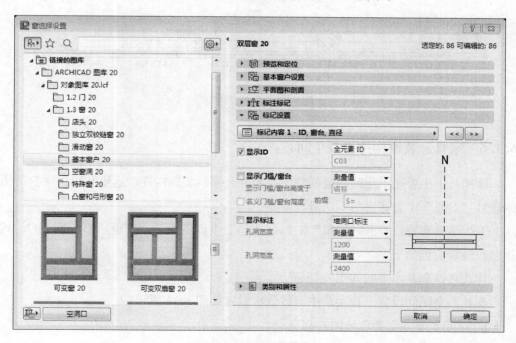

图 6-10 窗标记内容设置

元素类别中注意 ID 编号设置，ID 设置的内容即为图面中窗的名称，如图 6-11 所示。

图 6-11　窗类别和属性设置

其他参数是否需要设置可根据实际情况确定。

同理，门、洞口均可采用上述方法进行设置，最终布置结果如图 6-12 所示。

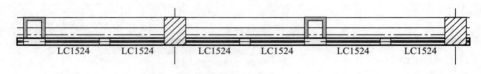

图 6-12　窗布置结果

6.1.6　家具、装饰构件（卫生间）

该项目中主要是卫生间和电梯井中需要补充家具装饰构件，这里利用程序自带图库通过"对象"工具布置卫生洁具等。

卫生洁具布置，打开"对象"工具，选择卫生设备中的"商业浴缸隔间 20"，具体参数设置流程如下：

样式选择和基本参数如图 6-13 所示。

商业浴室隔间设置下拉菜单中参数依次设置如图 6-14 所示。

淋浴间设置-立面参数见图 6-14（a）。

淋浴间设置-平面参数见图 6-14（b）。

固定设备设置见图 6-14（c）。

2D 表现设置见图 6-14（d）。

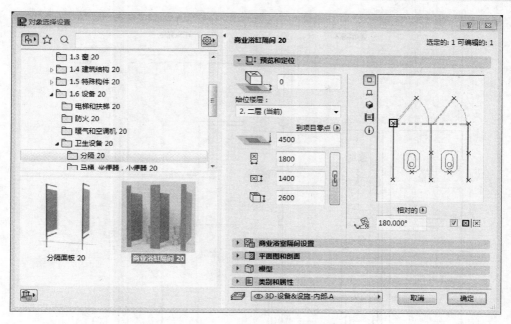

图 6-13 卫生间洁具类型选择

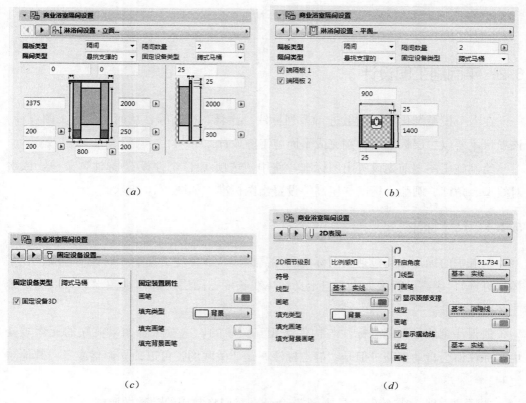

图 6-14 商业浴室隔间设置

(a) 卫生洁具立面设置;(b) 卫生洁具平面设置;(c) 卫生洁具隔间设置;(d) 卫生洁具 2D 表现设置

同样方法布置其他位置装饰构件，最终结果如图6-15所示。

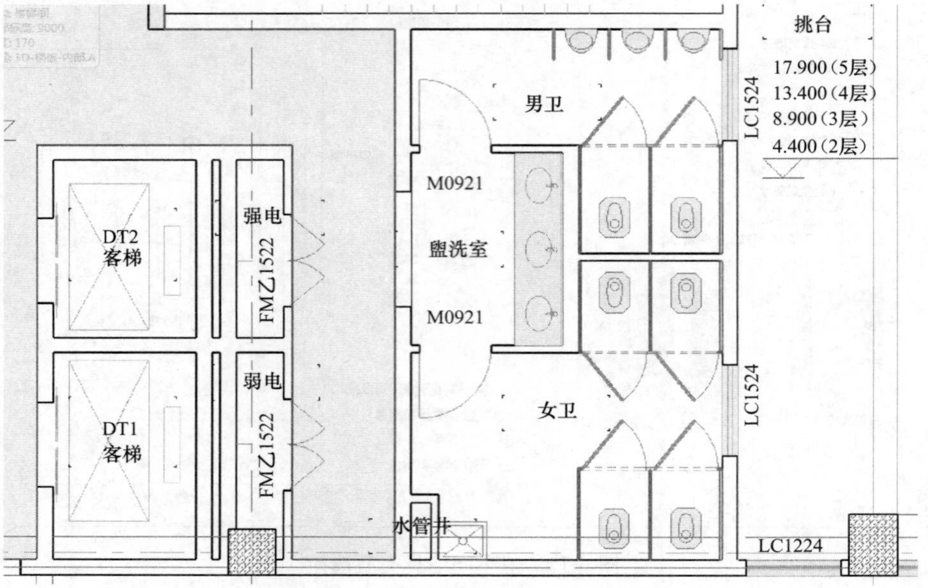

图6-15 卫生洁具布置结果

6.2 平面施工图设计

在上节模型细化的基础上进行系列标注、注释、标高等，从而完成施工图设计。该项目主要以二层标准层为例完成平面施工图设计。

绘制施工图之前先设置出图标准，使用"选项-项目个性设置-标注"菜单，依次对线型、角度、圆弧、标高、层高等设置出图标准，如图6-16所示。

6.2.1 尺寸标注

系统中的标注工具包括线型标注和标高标注，在标注工具中可以对画笔颜色、字体（可选）、字高、标记大小、自定义标注线长度、图层等具体参数设置，以满足施工图国家标准。

值得注意的是大部分标注与构件是相互关联的，这意味着如果关联的元素被变更，标注值会自动更新。但是"静态标注"是非关联的，可以独立调整或者向其他层复制。

选择"文档-文档绘制工具-标注"命令，我们将常用的参数做调整：

类型和字体参数设置如图6-17所示。

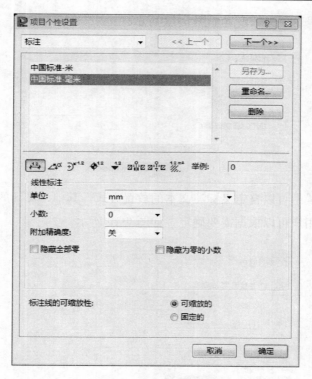

图 6-16　项目个性设置

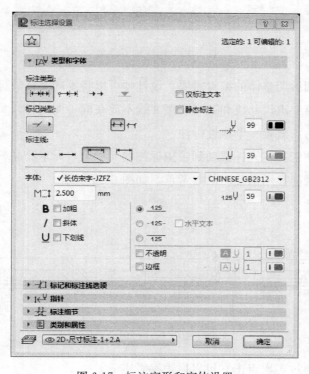

图 6-17　标注字形和字体设置

标记和标注线选项参数设置如图 6-18 所示。

图 6-18　标注线和标记设置

标注细节设置中可以自定义标注文本的放置方式，其中"灵活的"可以实现重叠文字自动避让，用户可以根据需要确定，如图 6-19 所示。

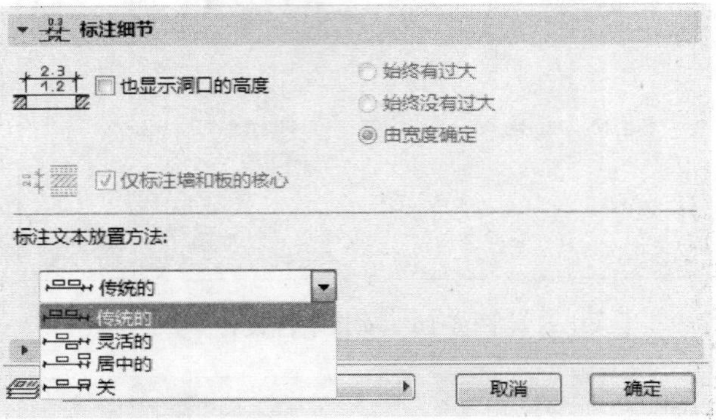

图 6-19　标注细节设置

另外，考虑到后期整体的编辑需要，设计师可以将不同类别的标注放在不同的图层，比如第一、第二道尺寸线和第三道尺寸线不放在同一图层等。

设置完参数后，放置一个线性标注：

激活线性标注工具，光标移动到希望标注的元素上，元素高亮显示构件信息，点击想要标注的元素会显示出临时的参考点，如图 6-20 所示。

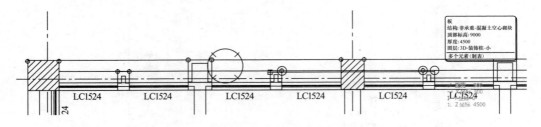

图 6-20　标注过程显示

如果需要，通过再次点击它可以撤销参考点。

在放置最终的参考点后双击，在想出现标注链的位置点击锤子光标，移动到合适位置点击完成标注，如图 6-21 所示三道尺寸线标注结果；

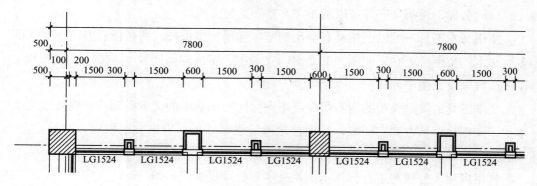

图 6-21　标注结果显示

选中要编辑的标注线，点击左键会弹出标注编辑"小面板"，如图 6-22 所示。

在这里可以插入/合并标注点、对齐标注线、编辑尺寸界线的长度，移动尺寸界线、打断尺寸线，整体移动、旋转、镜像尺寸线等。

同样方法对建筑内部尺寸进行标注。

对于轴网上的三道尺寸线也可以通过"文档-注释-自动标注"菜单一次性标注，只需后期调整编辑即可，基本参数设置如图 6-23 所示。

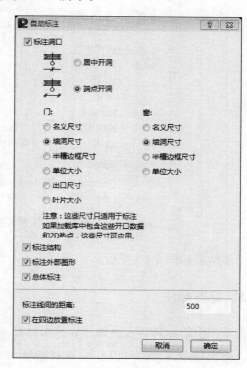

图 6-22　标注编辑小面板　　　　图 6-23　自动标注参数设置

6.2.2　文本标注

房间名称、说明文字等可以利用"文本"工具完成。

使用文本工具，可以创建具有全比例字体选项、多重样式和在任意方向上对齐的多行文本。文字块可在平面图、剖面图、立面图、室内立面图及 3D 文档、详图和工作图窗口以及布图中创建。

文本工具的收藏夹中的内容可以应用到标注于标签中的文本类型项，以及填充文本项。文本块可从左到右读取，甚至在镜像后也是一样。根据文本框柄开关的状态，在所有文本框的每个角柄处可用括号标记边框。

这里以对 1 号楼梯进行标注示例，文本参数设置如图 6-24 所示。

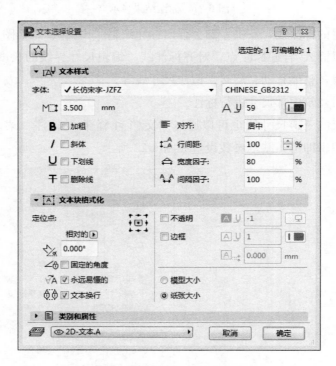

图 6-24　楼梯文本标注设置

标注结果如图 6-25 所示。

6.2.3　标签标注

施工图中的标高、表面标注、索引标注、构造层次等系列标注可以利用标签标注完成，根据标注需求，可以在标签对话框中选择类型样式、设置文本样式、字体颜色、指针、标签符号样式、针对构件内容的标记类型等参数，依次设置如下：

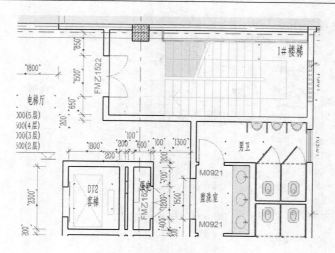

图 6-25 标注结果显示

类型和预览如图 6-26 所示。

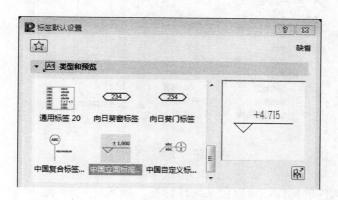

图 6-26 标签类型选择及预览

文本样式设置如图 6-27 所示。

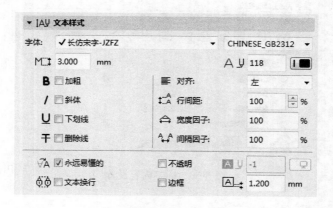

图 6-27 标签文本样式设置

指针参数设置如图 6-28 所示。

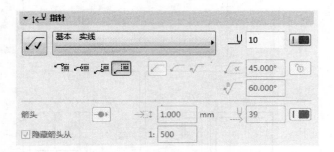

图 6-28　标签指针设置

符号标签设置如图 6-29 所示。

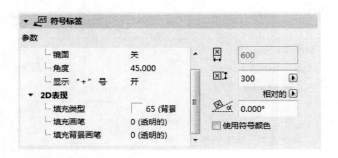

图 6-29　标签符号设置

对于不同构件的标注，可以定义构件标签，如图 6-30 所示。

图 6-30　标签内容设置

平面施工图局部表现如图 6-31 所示。

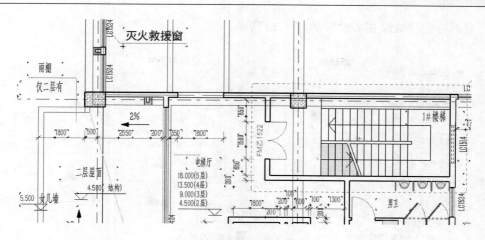

图 6-31 标签布置结果

6.3 立面、剖面施工图

6.3.1 立面图绘制

这里以东立面为例，详细介绍立面图的绘制过程。

将视图切换到一层平面，选择"立面图工具 ▲"在视图的右侧放置立面图符号，放置过程中根据提示确定立面方向。放置完成后选中放置的立面符号，打开对话框依次设置参数：

常规参数中设置 ID、名称、显示楼层、显示范围等参数，如图 6-32 所示。

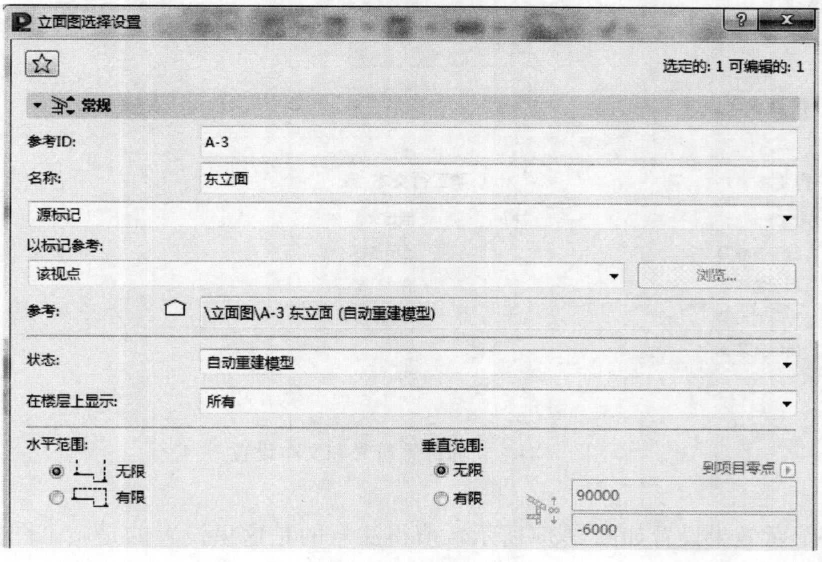

图 6-32 立面图常规设置

立面标记样式及相关设置如图 6-33 所示。

图 6-33 立面标记样式设置

标签符号和文本设置如图 6-34 所示。

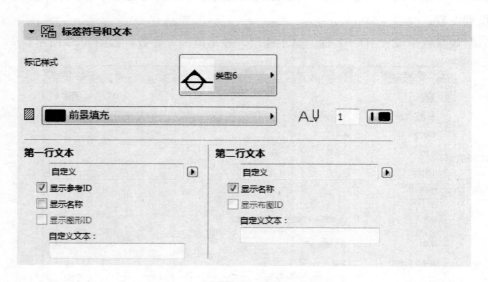

图 6-34 立面标签符号和文本设置

模型显示效果设置如图 6-35 所示，值得注意的是这里设置的是施工图样式而不是立面表现。

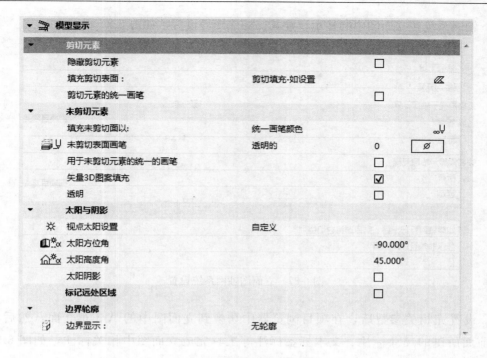

图 6-35　立面模型显示设置

楼层标高显示中设置了显示位置、显示线样式、显示线颜色、标高样式（这里引用了向日葵楼层标记）等，如图 6-36 所示。

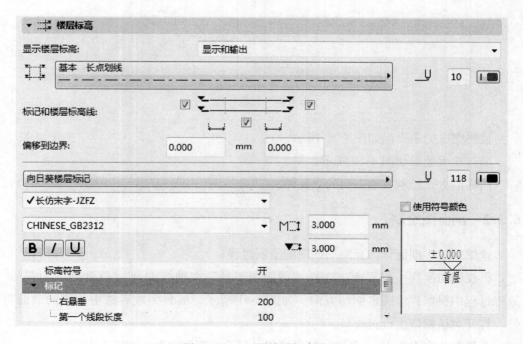

图 6-36　立面图楼层标高设置

轴网系统在立面图中的显示、样式、标注线等设置，如图 6-37 所示。

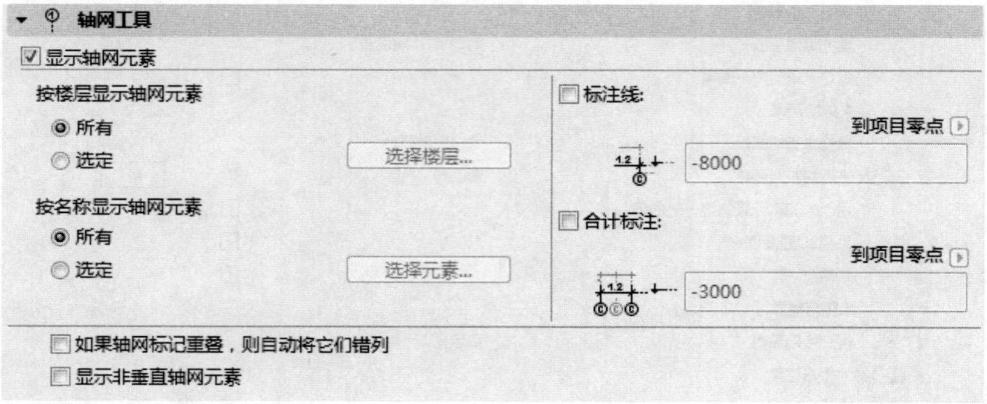

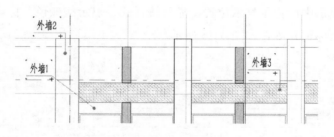

图 6-37　立面图轴网系统设置

设置完相关参数后，在项目浏览器中切换到立面图中的 A-3 东立面，然后利用前面所讲的尺寸标注、文本标签标注等工具完成立面图中相关标注，如图 6-38 所示。

图 6-38　标签标注

最终完成的东立面如图 6-39 所示。

局部放大效果如图 6-40 所示。

同样的方式绘制其他方向的立面图。

6.3.2　剖面图绘制

这里通过 1 剖面详细介绍剖面图的绘制过程；

将视图切换到一层平面，选择"剖面图工具"在轴线 D 下方放置剖面图符号，放置过程中根据提示确定剖切方向。如图 6-41 所示。放置完成后选中放置的剖面符号，打开对话框依次设置参数。

常规参数中设置 ID、名称、显示楼层、显示范围等参数，如图 6-42 所示。

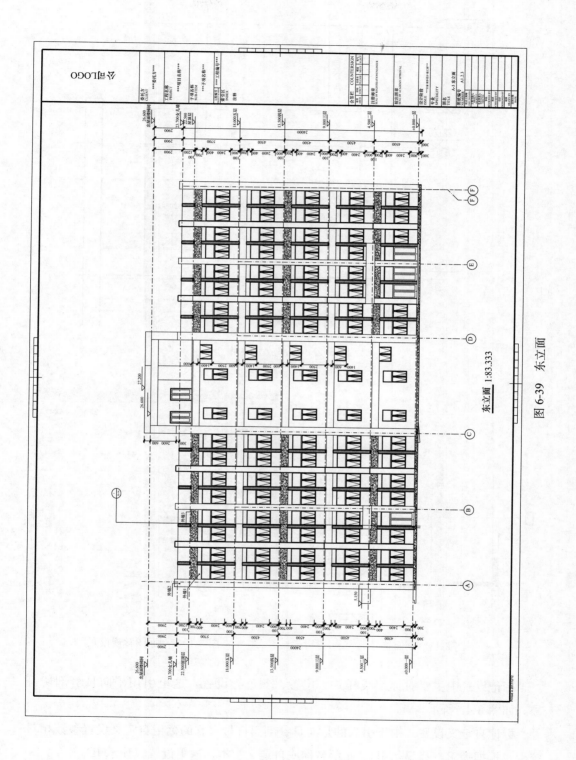

东立面 1:83.333

图 6-39 东立面

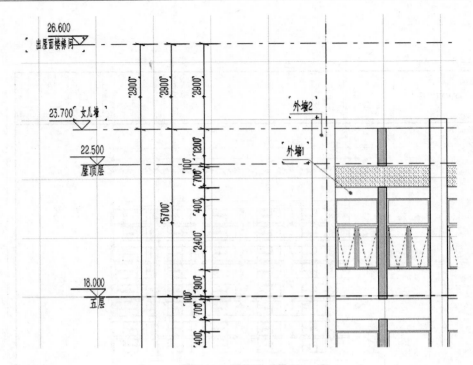

图 6-40　局部放大效果

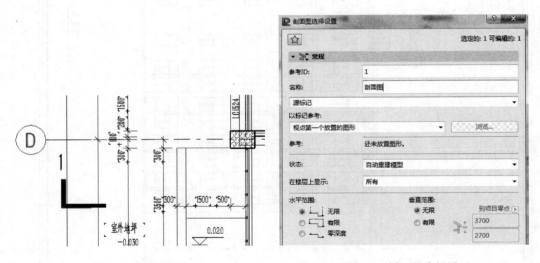

图 6-41　剖面符号　　　　　　　　　图 6-42　剖面图常规设置

标记设置中主要对标记线样式、位置、颜色等设置，这里引用了向日葵剖切符号，如图 6-43 所示。

标记自定义设置。由于引入的是向日葵剖面符号，它的标记自定义设置参数相对较少，根据需求选择显示 ID、显示名称或自定义文本，这里设置只显示 ID。

模型显示效果设置如图 6-44 所示。

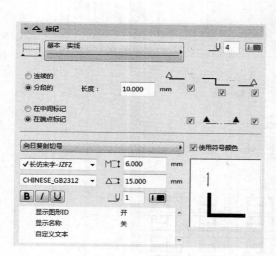

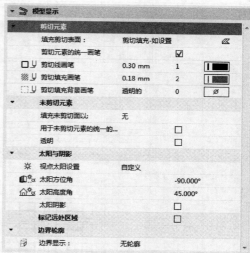

图 6-43　剖面标记符号设置　　　　　　图 6-44　剖面图模型显示设置

楼层标高显示中设置了显示位置、显示线样式、显示线颜色、标高样式等，这里依旧引用了向日葵楼层标记，如图 6-45 所示。

轴网系统在立面图中的显示、样式、标注线等设置，如图 6-46 所示。

设置完相关参数后，在项目浏览器中切换到剖面图中的 1 剖面，然后利用前面所讲的尺寸标注、文本标签标注等工具完成剖面图中相关标注，如图 6-47 所示。

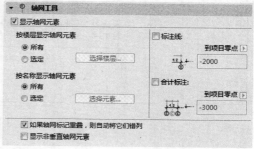

图 6-45　剖面图楼层标高设置　　　　　　图 6-46　剖面图轴网系统设置

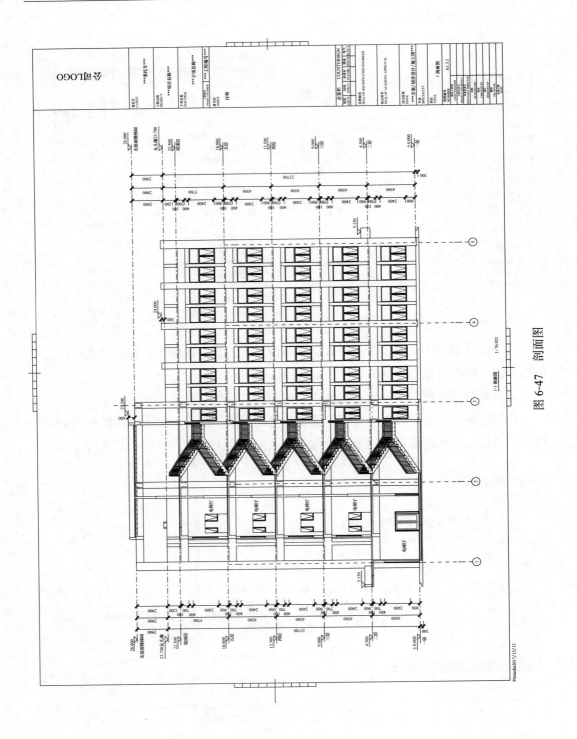

图 6-47 剖面图

6.4 墙身大样、节点详图

6.4.1 生成、深化墙身大样

该项目的墙身大样可以利用剖切图工具在模型中剖出，如果模型达不到出大样图的精度，有两种方法处理，一种是细化模型局部，达到出墙身大样精度；另外一种方式是在生成的墙身剖面中通过补充二维线、填充等方式完善大样图，下面介绍该项目生成墙身大样过程：

选择"剖面图"工具，在对话框中依次设置相关参数，如图 6-48 所示。

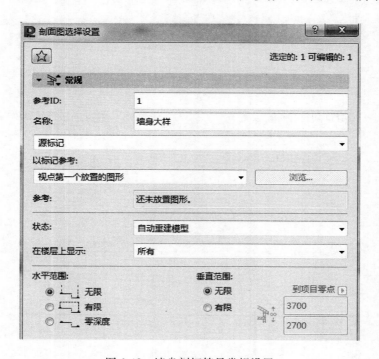

图 6-48 墙身剖切符号常规设置

标记扩展栏参数设置如图 6-49 所示，这里的剖切标记符号引用了向日葵小剖切号，并设置标注内容。

标记自定义设置显示参照 ID 和显示名称，如图 6-50 所示。

其他扩展栏参数设置参照"1 剖面"的设置，这里不再赘述。

设置完参数后在生成墙身大样的位置创建设置好的剖切符号，如图 6-51 所示。

设置完相关参数后，在项目浏览器中切换到剖面图中的"1 墙身大样"中，生成的结果如图 6-52 所示。

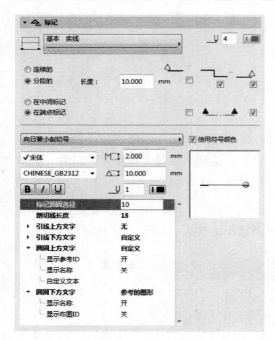

图 6-49 墙身剖切符号标记设置

图 6-50 墙身剖切符号显示内容设置

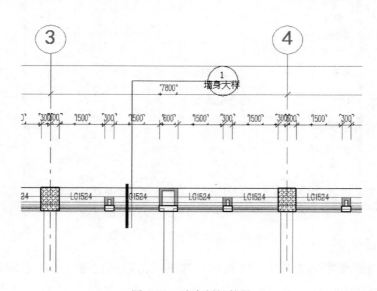

图 6-51 墙身剖切符号

6.4.2 节点详图

这里主要介绍卫生间、1号楼梯的节点详图。

1. 卫生间大样

选择"详图工具",打开详图工具对话框,依次设置相关参数,流程如下:

常规参数中只要设置参考 ID、名称等，如图 6-53 所示。

标记样式设置如图 6-54 所示。

样式符号和文本设置中主要注意显示 ID、显示名称及标记样式，如图 6-55 所示。

图层设置可根据需求自行选择。

设置完成后在一层平面图卫生间位置放置详图符号，如图 6-56 所示。

放置完成后，在项目浏览器中找到"详图"项，选择"1.1 卫生间大样"切换到"卫生间大样"视图中。

在卫生间大样视图中，补充尺寸标注、标签标注、文本注释、标高等说明，同时用填充、二维线工具补充模型中缺少的元素，生成结果如图 6-57 所示。

2. 楼梯大样

与卫生间大样方法相同，先选择"详图工具"功能，打开详图工具对话框，设置主要参数。

常规参数设置如图 6-58 所示。

标记扩展栏中标记符号选择程序内置的"详细标记 01 20"，其他参数设置如图 6-59 所示。

标记符号和文本参数设置如图 6-60 所示。

楼梯详图符号放置如图 6-61 所示。

放置完成后，在项目浏览器中找到"详图"项，选择"1.2 1 号楼梯"切换到"1 号楼梯"视图中。

在 1 号楼梯大样视图中，补充轴网编号、尺寸标注、标签标注、文本注释、标高等说明，同时用填充、二维线工具补充模型中缺少的元素，生成结果如图 6-62 所示。

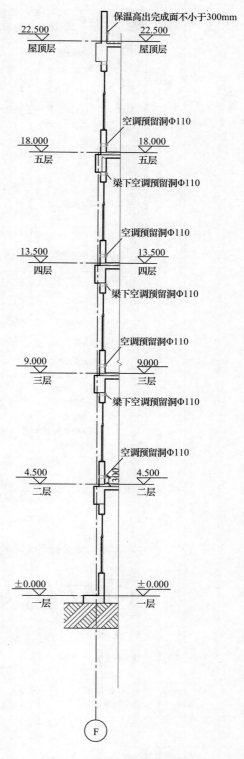

图 6-52　根据模型剖切结果

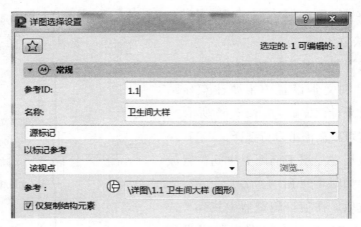

图 6-53　详图常规设置

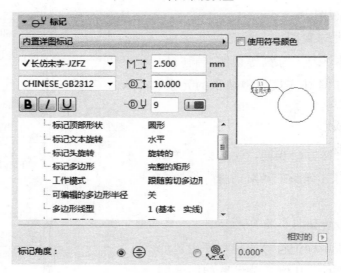

图 6-54　详图标记符号设置

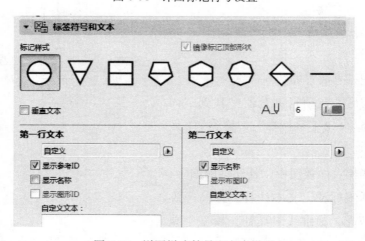

图 6-55　详图样式符号和文本设置

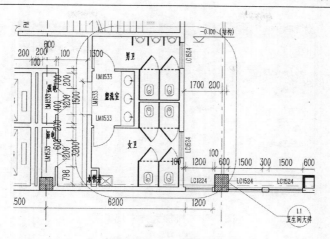

图 6-56 详图符号

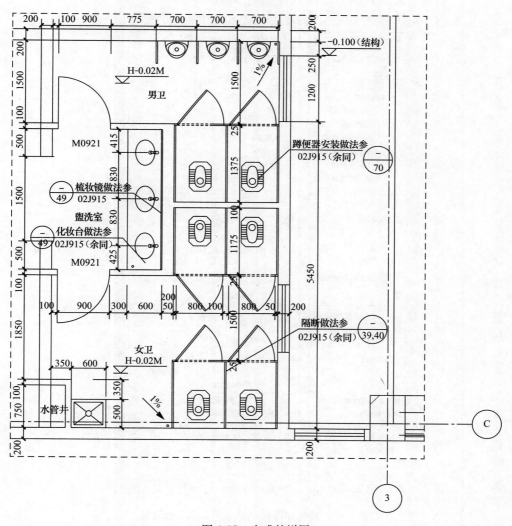

图 6-57 生成的详图

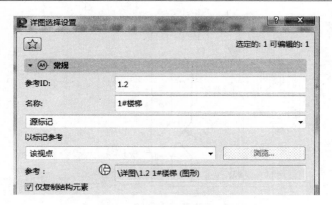

图 6-58　楼梯大样常规设置

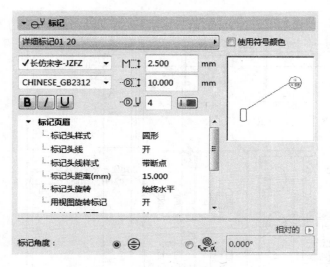

图 6-59　楼梯详图标记设置

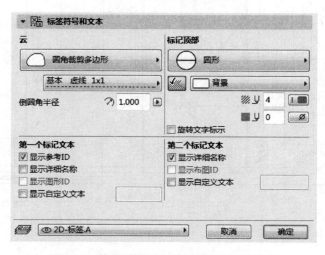

图 6-60　楼梯详图标记符号和文本参数设置

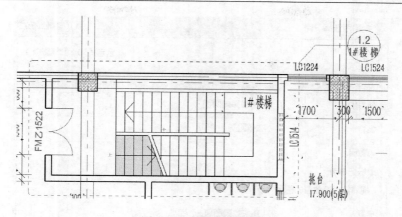

图 6-61　楼梯详图符号

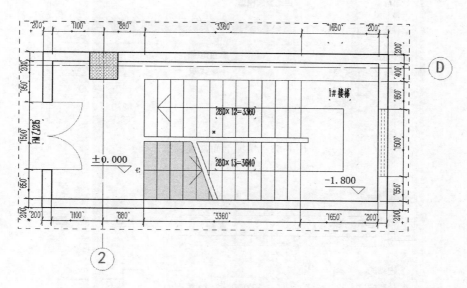

图 6-62　楼梯详图

3. 楼梯剖面

利用剖面图工具在一层 1 号楼梯位置绘制剖切线，首先要设置剖切工具参数，具体流程如下：

常规参数设置中注意参考 ID、名称、水平显示范围等，如图 6-63 所示。

标记参数中设置选择"没有标记"，如图 6-64 所示。

模型显示扩展栏中参数设置如图 6-65 所示。

楼层标高设置依旧利用"向日葵楼层标记"，具体参数设置如图 6-66 所示。

轴网工具参数设置如图 6-67 所示。

设置完成后在图 6-68 所示位置放置楼梯剖面符号。

图 6-63　楼梯剖面常规设置

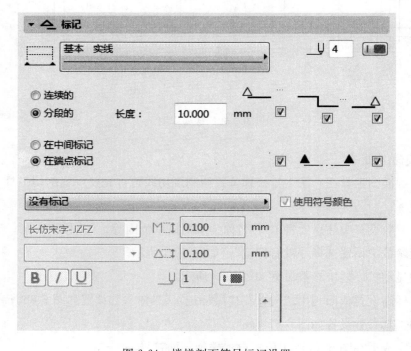

图 6-64　楼梯剖面符号标记设置

图 6-65　楼梯剖面模型显示设置

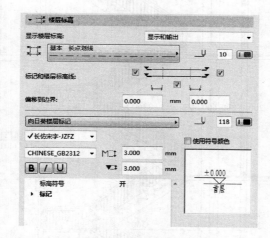

图 6-66　楼梯剖面楼层标高设置

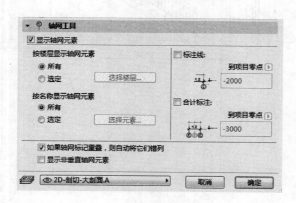

图 6-67　楼梯剖面轴网参数设置

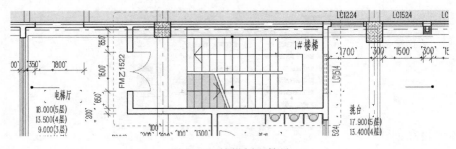

图 6-68　楼梯剖面符号

放置完成后，在项目浏览器中的"剖面图"中找到"1号楼梯剖面图"选项，打开并切换到 1 号楼梯剖面图视图，并利用文本、标注、标签等功能完成详细标注，如图 6-69 所示。

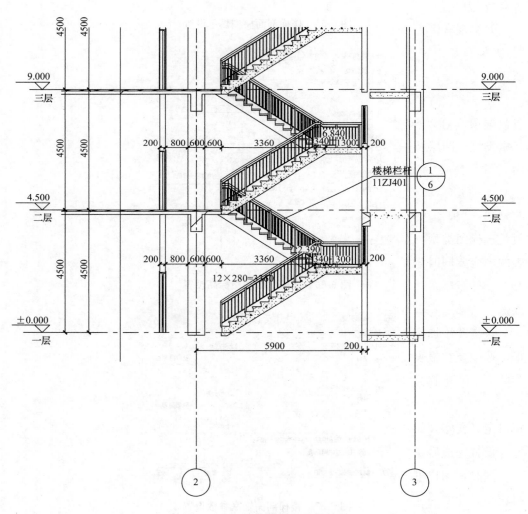

图 6-69　1 号楼梯剖面局部效果

6.5　门窗表、面积统计、工程量统计

6.5.1　门窗表

　　该项目在创建过程中对门窗模型参数做过详细设置，这里可以自动统计出门、窗列表。在项目浏览器中找到"清单"下拉项，打开"门列表"，如图6-70所示。

　　双击打开"门列表"界面，如图6-71所示。

　　这里利用的是中国模板提供的门列表样式，显示了门编号、洞口尺寸、所在楼层、数量、门样式等参数。

　　如果现有模板不能满足设计师需求，可以通过"方案设置"按钮进入方案设置对话框，如图6-72所示。

　　在方案设置中，点击"添加标准"按钮打开门参数选项，可以选择门包含的信息，如元素类别、元素类型、图层及图层组合、几何图形、布置、平面布置、填充、ID、IFC等。

　　然后选择"是"或"不是"来确定元素是否参与筛选，"值"可以确定元素类型，比如做门报表，就是选择门类型。"与/或"，如果选择了"与"那么表的内容要同时满足条件才能显示出来，如果选择"或"，任意满足一个即可显示。工程师根据实际需要选择，如图6-73所示。

　　点击"添加字段"选项，打开门具体参数下拉框，选中要在报表中显示的参数，点击"添加"，该参数会在清单栏目中显示，用户可以根据表的内容调整，如果表头上有备注一列，请在已有参数中选择自定义文本，如图6-74所示。

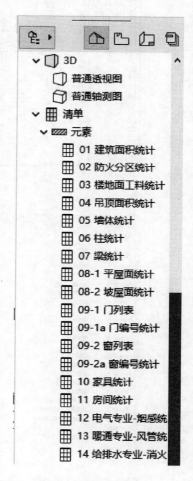

图6-70　项目浏览器

　　设置完成后，生成的报表内容会根据"方案设置"的调整自动更新。

　　同时，用户可以在"样式"栏对表格的格式、样式、字体、边框、页脚等参数进行调整，使之符合出图标准，如图6-75所示。

　　同样方法，选择"窗列表"选项生成窗报表，并根据需求对其进行调整。

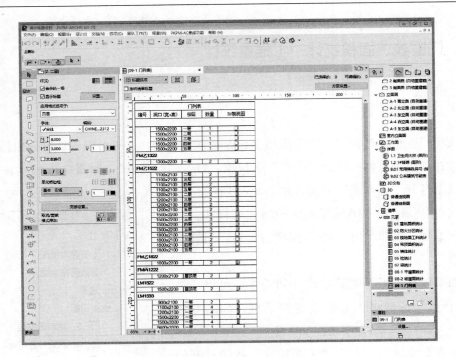

图 6-71 门列表

图 6-72 门方案设置对话框

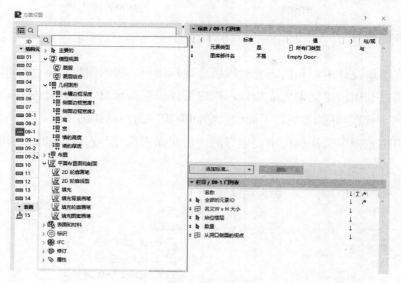

图 6-73　过滤标准设置

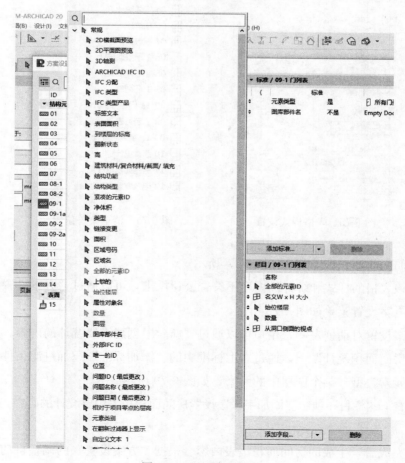

图 6-74　显示字段设置

6.5.2　面积统计

一般在建筑设计中，我们需要对各层总建筑面积、房间面积、阳台面积等做出统计，这里可以利用清单元素完成统计，用户可以根据需求自定义统计内容，这里引用"中国模板"中设定好的参数，下面以"房间面积"为例做详细说明。

在项目浏览器中选择模板中设置好的"房间面积统计"选项，如图 6-76 所示。

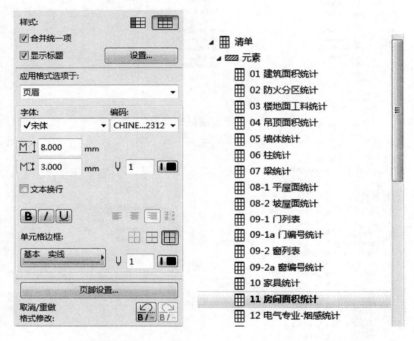

图 6-75　表格样式设置　　　　　　图 6-76　清单菜单位置

生成的房间面积统计列表如图 6-77 所示。

如果该表格的样式和统计的内容不符合公司需求，可以通过"方案设置"菜单编辑修改，方案设置菜单如图 6-78 所示。

在方案设置对话框左侧，用户可以通过"新建"创建需要统计的内容。现在选择已有的"房间面积统计"项，通过右上标准中的"添加标准"添加过滤条件，比如只统计某一元素类型、某个图层中的元素，如图 6-79 所示。

通过右下"栏目"项中"添加字段"设置房间面积报表中要统计的内容，如图 6-80 所示。

设置完成后，生成的房间面积报表内容会根据"方案设置"的调整自动更新。

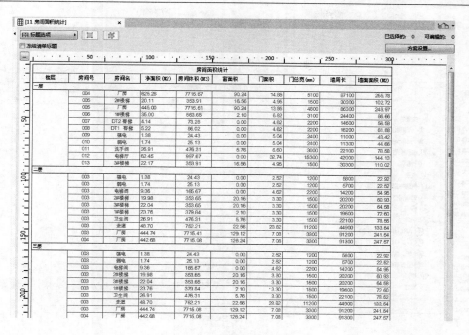

图 6-77 房间面积统计

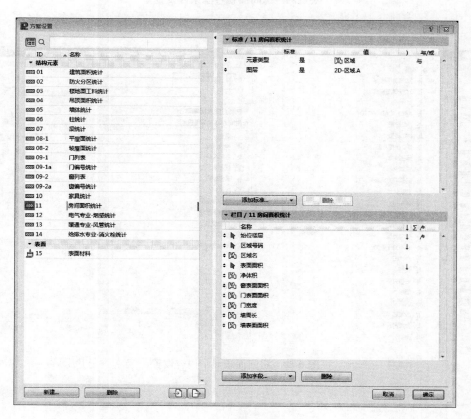

图 6-78 房间面积方案设置

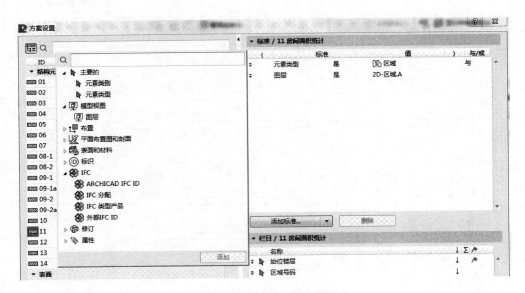

图 6-79　房间面积过滤条件设置

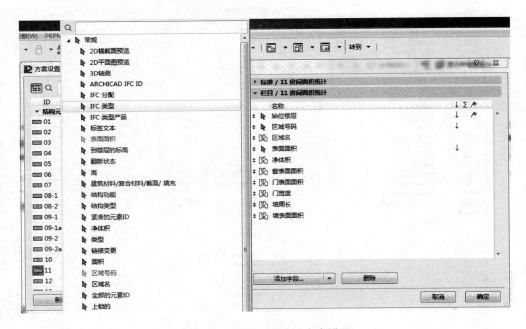

图 6-80　房间面积显示内容设置

同时，用户可以在"样式"栏对表格的格式、样式、字体、边框、页脚等参数进行调整，使之符合出图标准，如图 6-81 所示。

6.5.3 工程量统计

工程量统计也是建筑设计中不可或缺的一项，比如墙体、柱、梁、楼面、屋面等，这里详细介绍墙体工程量的统计。打开项目浏览器中"清单"选项下的"墙体统计"，可以统计墙体创建时设置的所有参数，该项目统计结果引用了"中国模板"中的设置，如图 6-82 所示。

这里统计了模型中的所有墙体，统计墙体的主要信息如图 6-83 所示。

其他参数设置可参照上节门窗表或面积统计的方法。

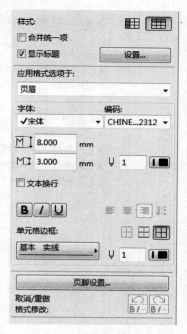

图 6-81 房间面积报表调整

墙体统计								
楼层	墙砌体材料	厚度	高度	外表面材质	内表面材质	外表面积	内表面积	体积 (M3)
一层								
	非承重·混凝土砌块砖	100	4500	001·内墙·涂料·白色	001·内墙·涂料·白色	42.87	42.87	4.27
	非承重·混凝土砌块砖	200	4500	001·内墙·涂料·白色	001·内墙·涂料·白色	379.07	368.56	74.38
	非承重·混凝土砌块砖	200	4800	001·内墙·涂料·白色	001·内墙·涂料·白色	314.12	380.74	69.47
	非承重·混凝土砌块砖	600	300	101·外墙·涂料·白色	101·内墙·涂料·白色	42.69	42.69	25.61
二层								
	非承重·混凝土砌块砖	100	4500	001·内墙·涂料·白色	001·内墙·涂料·白色	42.87	42.87	4.27
	非承重·混凝土砌块砖	200	650	001·内墙·涂料·白色	001·内墙·涂料·白色	21.19	21.19	4.23
	非承重·混凝土砌块砖	200	4500	001·内墙·涂料·白色	001·内墙·涂料·白色	648.48	736.31	138.10
	挑台扶手	300	700	001·内墙·涂料·白色	--	6.30	6.30	0.90
三层								
	非承重·混凝土砌块砖	100	4500	001·内墙·涂料·白色	001·内墙·涂料·白色	42.87	42.87	4.27
	非承重·混凝土砌块砖	200	4500	001·内墙·涂料·白色	001·内墙·涂料·白色	648.48	736.31	138.10
	挑台扶手	300	700	001·内墙·涂料·白色	--	6.30	6.30	0.90
四层								
	非承重·混凝土砌块砖	100	4500	001·内墙·涂料·白色	001·内墙·涂料·白色	42.87	42.87	4.27
	非承重·混凝土砌块砖	200	4500	001·内墙·涂料·白色	001·内墙·涂料·白色	648.48	736.31	138.10
	挑台扶手	300	700	001·内墙·涂料·白色	--	6.30	6.30	0.90
五层								
	非承重·混凝土砌块砖	100	4500	001·内墙·涂料·白色	001·内墙·涂料·白色	42.87	42.87	4.27
	非承重·混凝土砌块砖	200	4500	001·内墙·涂料·白色	001·内墙·涂料·白色	651.07	748.23	139.53
	挑台扶手	300	700	001·内墙·涂料·白色	--	6.30	6.30	0.90
屋顶层								
	非承重·大模·混凝土	200	1200	001·内墙·涂料·白色	001·内墙·涂料·白色	2.70	2.70	0.54
	非承重·混凝土砌块砖	100	4200	涂料·10	涂料·10	16.60	16.60	1.66
	非承重·混凝土砌块砖	200	600	涂料·11	涂料·11	25.86	25.86	5.17
	非承重·混凝土砌块砖	200	1200	001·内墙·涂料·白色	001·内墙·涂料·白色	182.70	182.70	36.55
	非承重·混凝土砌块砖	200	4100	涂料·10	涂料·03	11.61	11.61	2.32

图 6-82 墙体工程量统计

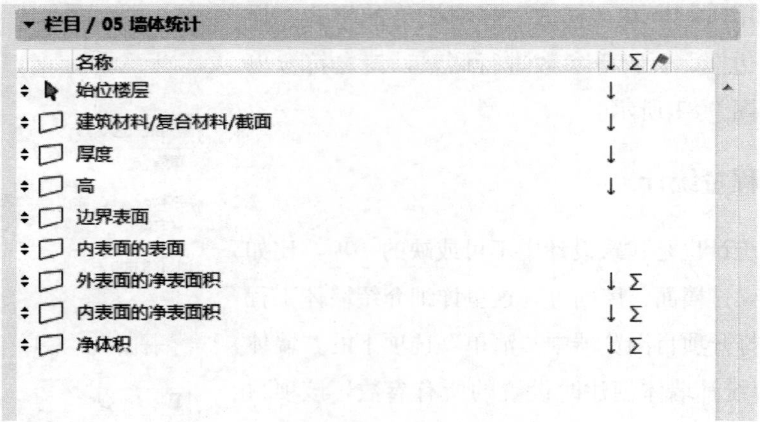

图 6-83　墙体显示内容显示

第7章 布图、出图、发布

上一章详细讲述了施工图深化过程中的前期准备工作、模型细化对出图影响，以及平面、立面、剖面图、墙身大样、节点详图、工程量统计的详细绘制方法。本章内容在完成施工图基础上讲解如何对施工图进行排版、套图框、批量出图以及格式转换等内容。

7.1 基本概念

布图、出图、发布实际上是布置图框、出图、格式转换的过程。

项目树状图：以树状结构显示整个虚拟建筑模型的所有空间和非图形信息并保持它们的原始状态。

视图映射：是设定了特定显示状态的项目树状图内容。视图映射是可定义的、用户随时使用的项目导航器。

图册：对整个项目的图纸定义布图。

发布器集：是最强大的出图工具，同时也是格式转换工具。

7.2 图框绘制

生成施工图中必不可少的一项内容就是对绘制好的图纸添加图框，程序中一般在"图册"中完成图纸排布及图框绘制。

在项目浏览器中切换到"图册 ▱ ▱▱▱▱"选项，在"样板布图"中设置不同比例、不同用途的图纸。点击右键打开"样板布图设置"对话框，如图7-1所示。

在"样板布图"中可以设置样板名称、大小、图纸方向、页面空白距离、可打印区域、图形放置方式等参数，然后在样板中绘制图框边线并插入自动文本完成图框绘制，打开文本对话框如图7-2所示。

选择"插入自动文本"，进入自动文本选项对话框，如图7-3所示。

此处的自动文本框内容与项目信息设置相互关联，用户修改项目信息后，图框中的项目名称的信息自动修改，如图7-4所示。

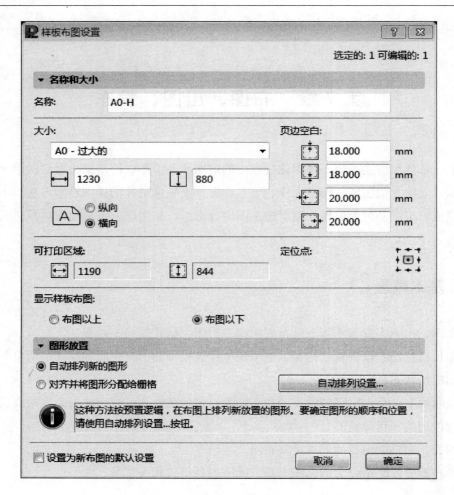

图 7-1　样板布图设置

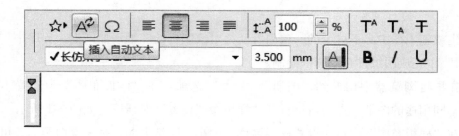

图 7-2　自定义文本对话框

最终绘制好的图框如图 7-5 所示。

另一种方式是合并已有图框的 DWG 文件或图形文件，直接放入布图样板中即可。

图 7-3　插入自动文本设置

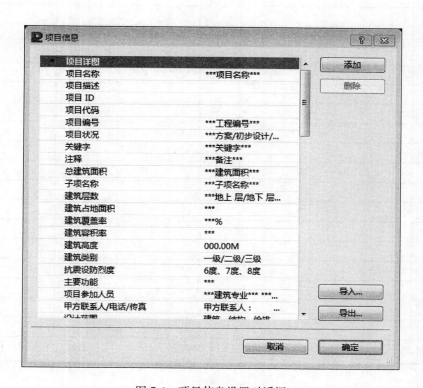

图 7-4　项目信息设置对话框

| 公司LOGO | | ***项目名称*** | | | 工程编号 | | ***工程编号*** |
序号	图纸名称	图号	重复使用图纸号	实际图幅	折合标准张	备注
制表		校正		审核	日期	年　月　日

（a）

图 7-5　图框（一）

（a）图纸目录

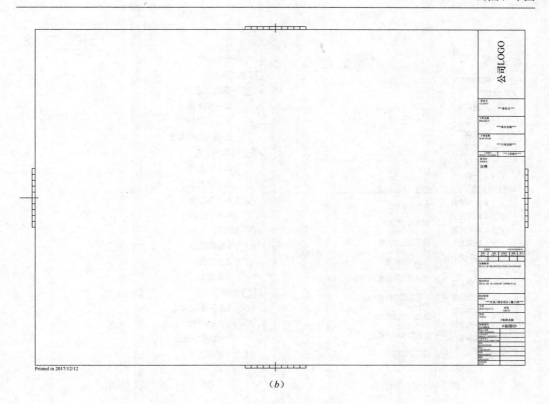

图 7-5 图框（二）

(b) 图框

7.3 出图、布图

布图、出图时我们用到的主要工具是项目树状图、视图映射、图册、发布器集等工具，这里可以分为单张出图和批量出图。

1. 单张出图流程

首先将绘制完成的图纸生成视图映射，流程如下：

在项目树状图中选中要出图的图纸，这里选择标准层二层，右键鼠标选择"保存当前视图"，如图 7-6 所示。

点击视图映射选项卡，把刚才转成视图映射的图纸"二层"拖动放置到"平面施工图"下，并修改名称为"二-五层平面图"。

依次类推，将一层、屋顶层、立面、剖面、详图一层放置到视图映射中，并归类整理。如图 7-7 所示。

然后在图册完成布图，也就是套图框的过程，一般常用图框已经做好，直接选用即可，操作流程如下：

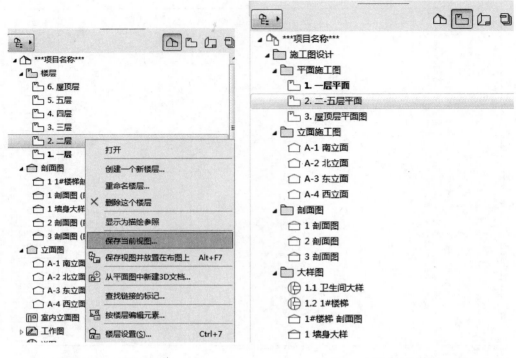

图 7-6　视图映射　　　　　　　　　　　　　　　图 7-7　视图映射编辑

在浏览器如图 7-8 所示位置打开管理器。

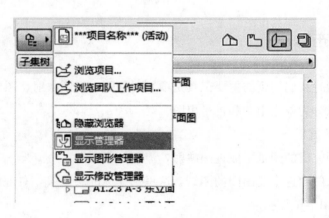

图 7-8　显示管理器

打开的"管理器-布图编辑器",选中"施工图设计"后,点击"放置图形"将视图映射中的图纸放置到图册中,如图 7-9 所示。

点击"图册"选项卡,选中平面图中的"二-五层平面图"并打开,在工作区选中插进来的平面图,点击右键选择"图形选择设置"弹出图形选择设置对话框,依次设置参数如下。

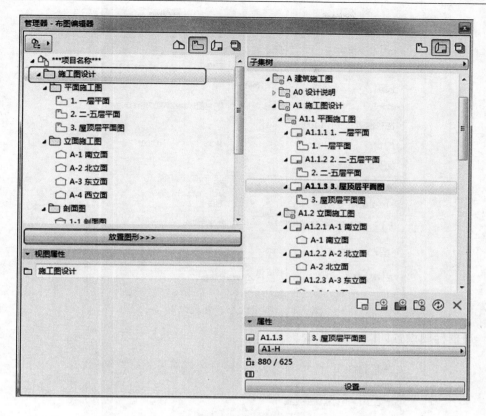

图 7-9　布图设置

标识栏设置如图 7-10 所示。

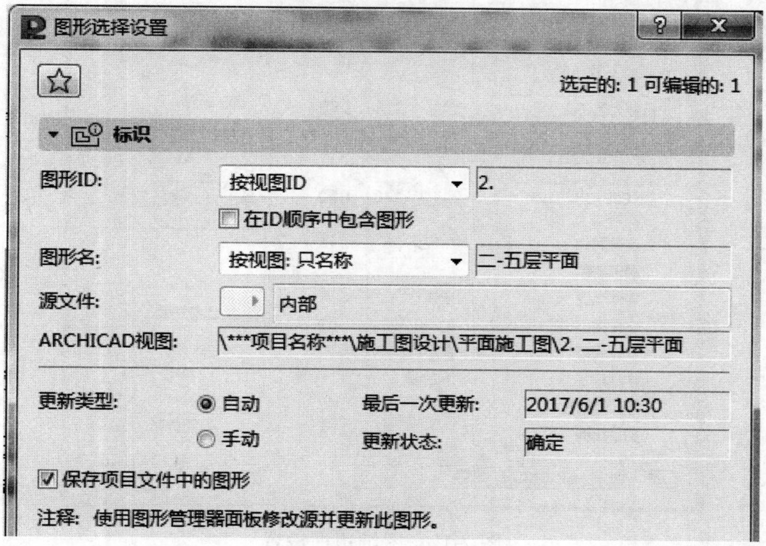

图 7-10　图纸设置

大小及外观设置如图 7-11 所示。

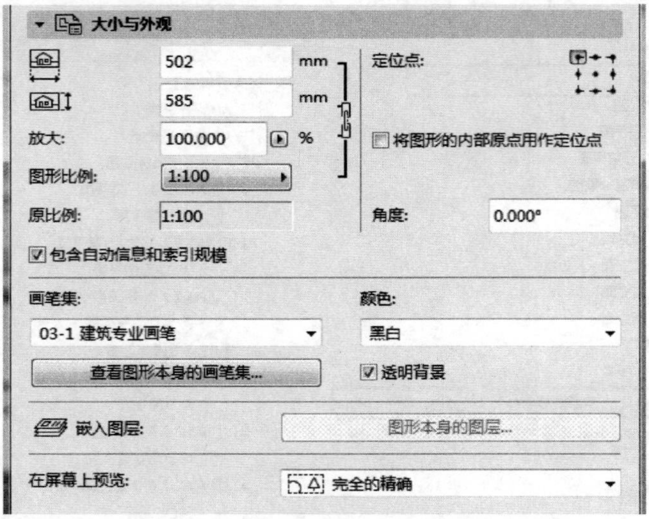

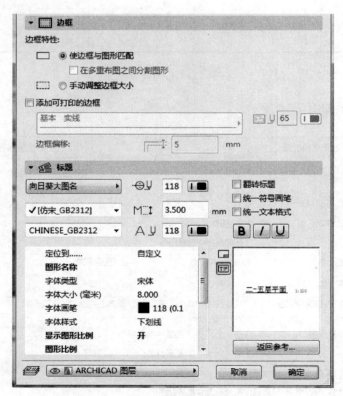

图 7-11　图纸大小、外观设置

边框标题设置如图 7-12 所示。

图 7-12　图纸边框设置

点击确定完成设置，同时将图形移动到合适的位置，如图 7-13 所示。

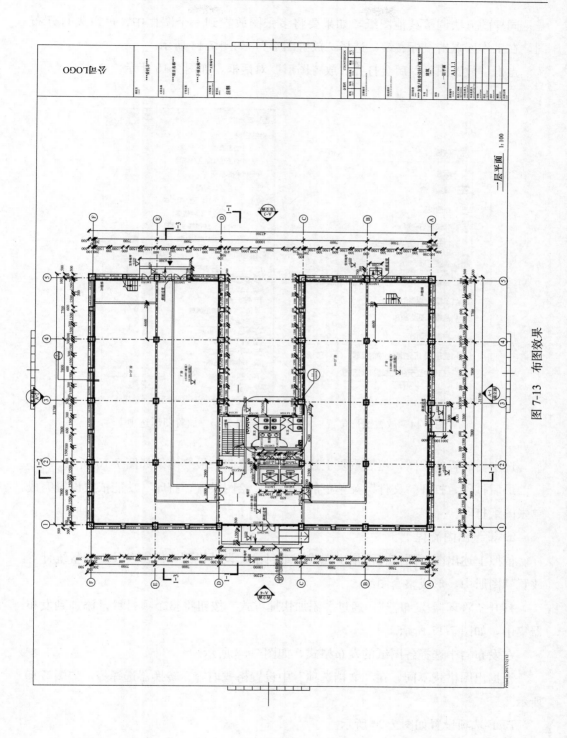

图 7-13 布图效果

同样的方法调整其他图纸，如果要将多张图放置到一个图框中，可以先打开布图，在工作区点击鼠标右键，选择"放置图形"，如图 7-14 所示。

点击"放置图形"后会打开"放置图形"对话框，如图 7-15 所示。

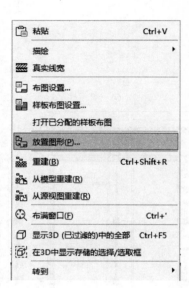

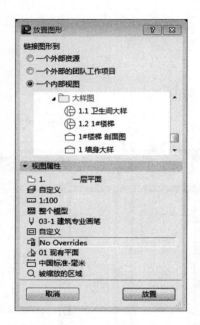

图 7-14　放置图形位置　　　　　图 7-15　放置图形选项

选中要放置的视图，然后重复上述步骤编辑修改，最终结果如图 7-16 所示。

最后打印，打开"文件"菜单下的"绘图、绘图设置、打印"功能依次设置完成单张图纸打印。

2. 批量出图流程

依照上述出图布图流程可依次完成图纸目录、设计说明、门窗表及工程量统计等放置到图册中，形成整套图纸。

打开"管理器-发布器"，通过"添加快捷方式"按钮将整个项目目录添加到发布器集中，如图 7-17 所示。

在发布器中选择各图纸的发布格式，如图 7-18 所示。

根据出图格式不同，在"文档选项"中设置格式内容、转换器选择等，如图 7-19 所示。

PDF 选项设置如图 7-20 所示。

设置完成后，点击"发布"，弹出"发布器集属性"对话框，设置相关参数后批量发布图纸，如图 7-21 所示。

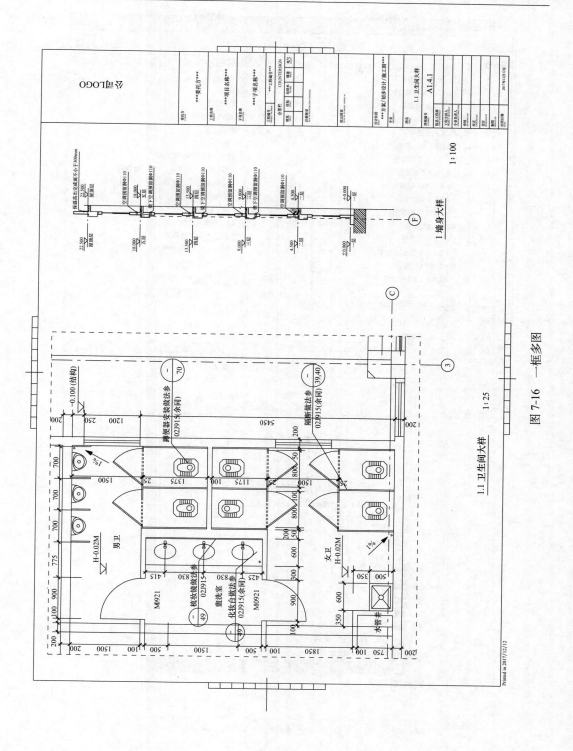

图 7-16 一框多图

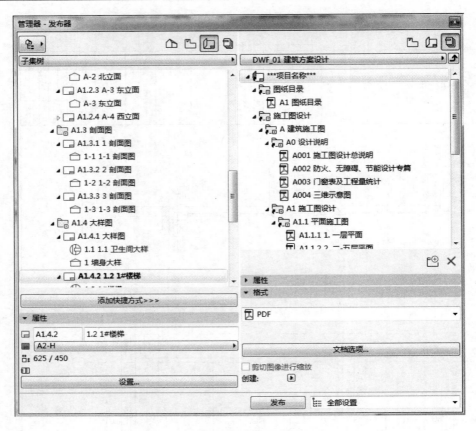

图 7-17　管理器-发布器

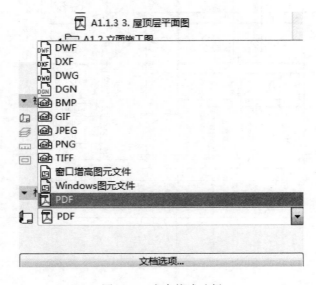

图 7-18　发布格式选择

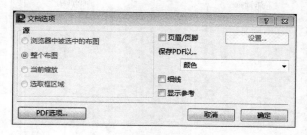

图 7-19 文档选项设置

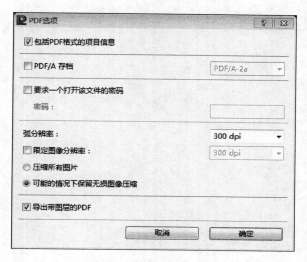

图 7-20 PDF 选项设置

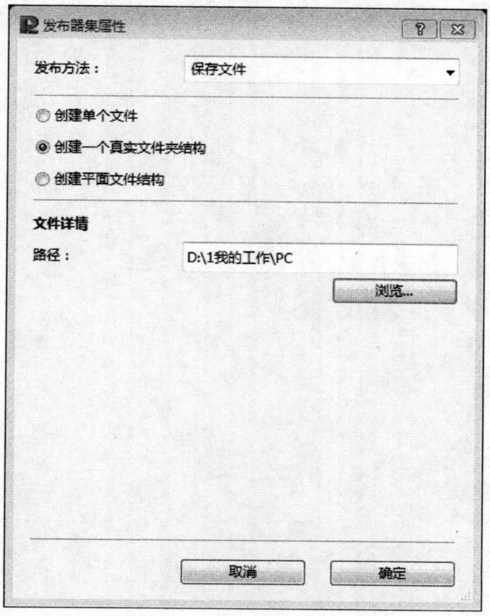

图 7-21 发布器集属性

第3篇 结构设计

本部分将介绍接力建筑模型创建结构模型的基本方式和注意要点。读者可以在实际操作中体会 PKPM-BIM 软件便捷之处。此外，通过本案例可以了解结构专业基本设计流程以及常规模型在实际工程中的应用。

具体流程如图 3 所示。

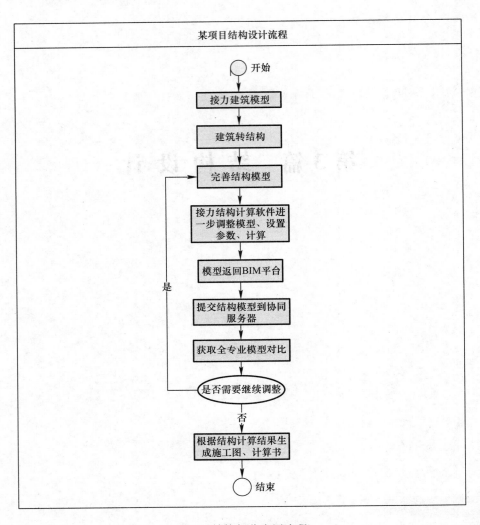

图 3　结构部分应用流程

第8章　建筑转结构

8.1　建筑模型准备

启动 PKPM-BIM 程序，启动环境为"结构专业"，选择"打开协同项目"，根据用户名、密码登录协同服务器，并选择"用户案例一"项目，如图 8-1 所示，即可获取项目。

图 8-1　打开协同项目

打开后，点击"协同设计-下载最新版本-下载全专业最新版本"，如图 8-2 所示，在图幅上即可显示出建筑已有模型。如图 8-3 所示。

图 8-2　下载全专业模型

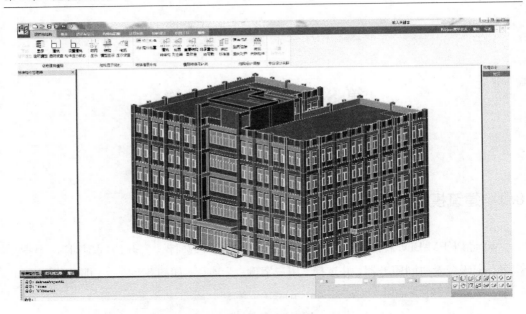

图 8-3 建筑模型查看

8.2 建筑转结构

8.2.1 建筑构件容重修改

本项目中，建筑外墙及内墙均采用加气混凝土砌块，考虑抹灰等荷载，密度取为 800kg/m^3。建筑在建模时未指定材料具体信息，需要结构专业进行修改。选择全部墙体并给出容重值。选择"转换信息补充"-"构件容重"，并修改对应密度值，如图 8-4 所示。全选所有隔墙即可指定。指定完成后，可查看隔墙属性，密度为 800kg/m^3。如图 8-5 所示。

Tips：选择全部隔墙方法

在建筑全楼模型下，左键点击选择一片填充墙，右键选择"选择同类实体"，如图 8-6（a）所示，从而同时选择全楼填充墙体。再右键选择"隐藏未选同类实体"，即会在图幅上显示出所有隔墙，如图 8-6（b）。右键选择"取消隐藏"即可恢复显示所有建筑构件。

8.2.2 建筑模型转结构模型

1）选择"模型转换及补充""建筑转结构"，如图 8-7 所示。

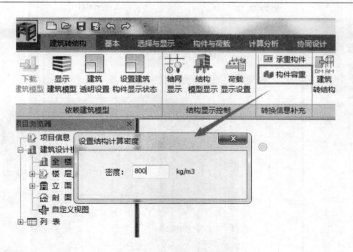

图 8-4　修改容重

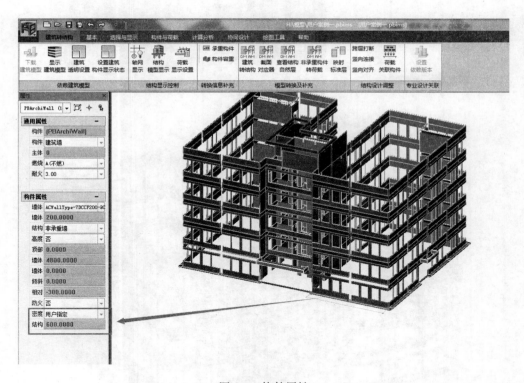

图 8-5　构件属性

2）由于本项目为框架结构，在基本构件中选择梁、柱。由于需要结构专业确定具体板厚及布置，不选择转换板，如图 8-8 所示，并选择下一步。

Tips：在模型转换时，可以进行模型检查，如图 8-9 所示。

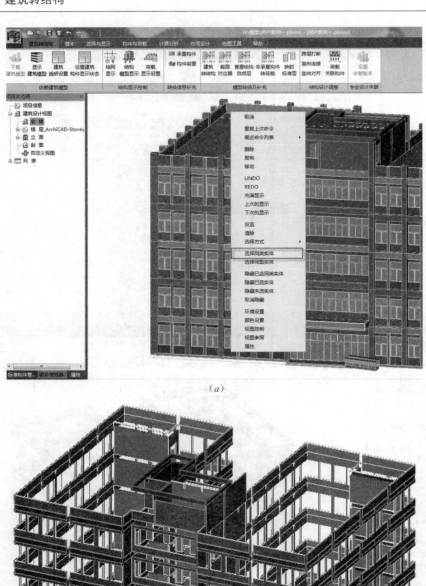

图 8-6　全部隔墙选择方法

(*a*) 选择填充墙体；(*b*) 所有隔墙

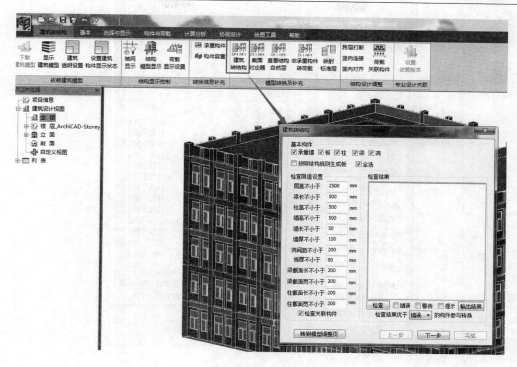

图 8-7　建筑转结构菜单

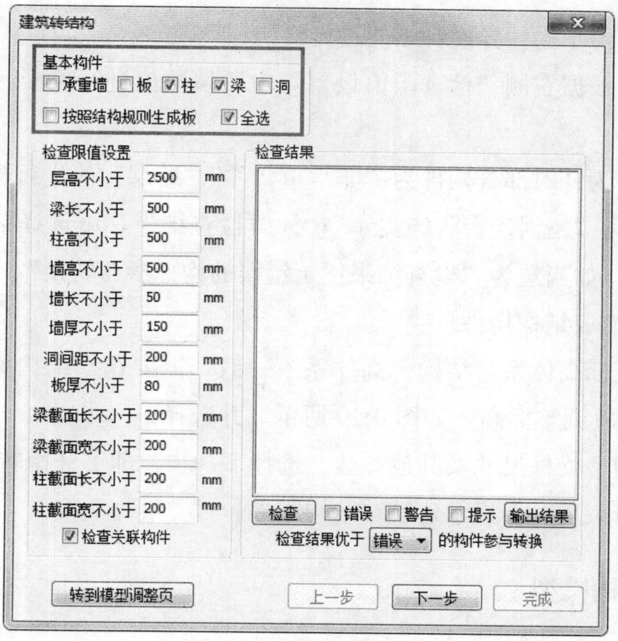

图 8-8　基本构件选择

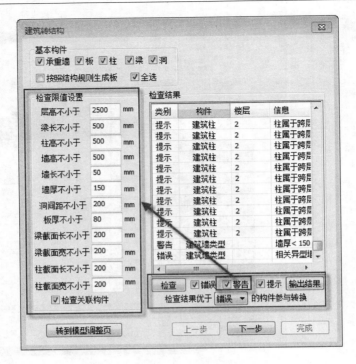

图 8-9　模型检查

检查内容中：

"错误"——由于构件异形，不能进行转换；

"警告"——根据右侧"检查限值设置"中所填数值进行判断，当不满足要求时会提示；

"提示"——为针对部分构件为"非承重构件""跨层"等进行提示。

三者优先级为"错误＞警告＞提示"；针对检查结果，可选择结果优于哪种提示的构件进行转换。如当选为"检查结果优于错误的构件参与转换"，即将"警告""提示"的构件也转换成结构构件。

3）由于建筑标高体系与结构标高体系不一致，需要调整结构标高。建筑地形底标高为－0.1m，故调整标高，如图 8-10 所示。并选择下一步。

4）暂时不调整梁柱尺寸及其他参数，选择下一步，即可开始转换模型。

5）在转换结束后，会提示建筑转结构结果。

8.2.3　显示结构模型

转换结束后，选择"结构模型显示"，即可显示出转好的结构模型。可通过右下角"三维动态观察"或者"Ctrl＋鼠标中键"方式浏览结构模型，如图 8-11 显示。

图 8-10　调整标高方式

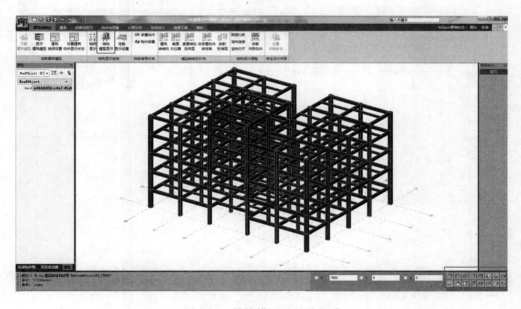

图 8-11　结构模型显示及查看

8.3　非承重构件转荷载

对于非承重构件，软件可以根据指定的容重计算荷载。

选择"非承重构件转荷载"，弹出"荷载转换"对话框，并选择"非承重墙转换为荷载"、"隔墙转荷载扣减洞口"、"非承重柱转为荷载"，选择转换，如图8-12所示。转换结果如图8-13所示。

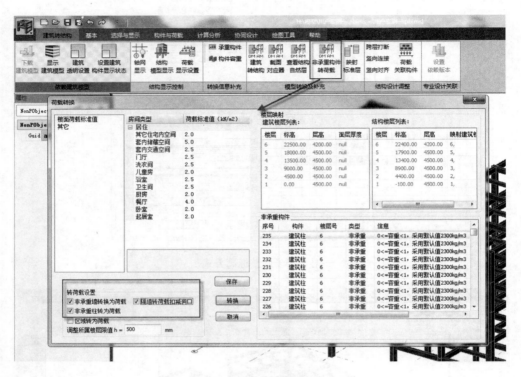

图 8-12　荷载转换方式

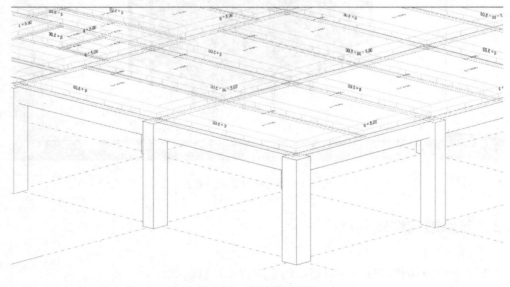

图 8-13　荷载转换结果

Tips：显示/关闭荷载。

鼠标右键，选择视图控制，可选择要显示的构件及其他相关信息，勾选"线荷载"、"面荷载"即可在图幅上显示出，不需要显示时，取消勾选即可。如图 8-14 所示。

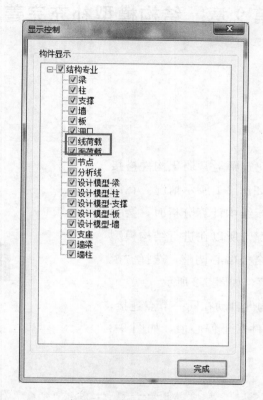

图 8-14　显示控制方式

第 9 章 结构模型补充完善

9.1 偏心调整

在建筑建模时，建筑师经常弱化构件搭接处节点处理，会出现如图 9-1 所示情况。在结构模型中，尤其是进行结构计算分析时，会关注构件之间的连接情况。所以在进行结构模型补充之前，需要进行全楼偏心调整，选择"模型调整"-"偏心调整"，如图 9-2 所示。

在执行命令后，构件自动在同一节点连接，同时会给轴线周边构件赋予偏心值，如图 9-3 所示。

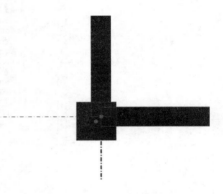

图 9-1 调整前梁柱节点

图 9-2 偏心调整菜单

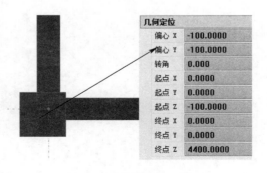

图 9-3 调整后梁柱节点

9.2 映射标准层

结构专业中具有标准层概念，以便构件创建及模型完善。

选择"映射标准层"，点击"新增"，如图9-4，新建标准层1、2、3；并对自然层1与标准层1、自然层2～5与标准层2、自然层6与标准层3进行关联。如图9-5所示。

确定后即可在"项目浏览器"中查看标准层相关内容，如图9-6所示。

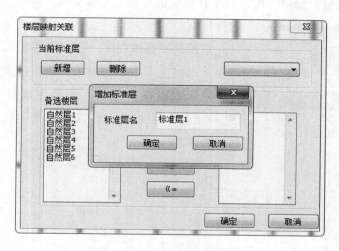

图9-4 新增标准层

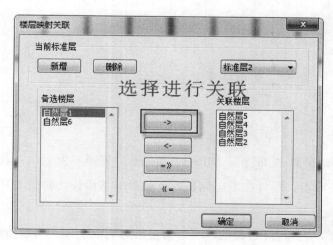

图9-5 映射标准层

图9-6 标准层与自然层

9.3　补充结构构件

9.3.1　梁、柱布置及调整

　　由于本项目在建筑建模时已经考虑了主次梁、柱的布置情况，基于建筑模型转换后的结构模型可以暂时不进行梁柱补充。

　　在建筑构件布置时，未考虑梁柱之间节点相交的情况，在进行预制构件拆分时，每跨梁为一个预制叠合梁，所以对于转换后的结构模型需要对主梁在与柱相交处进行构件打断。

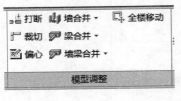

图 9-7　打断命令

　　双击选择标准层 1，选择"基本-模型调整-打断"命令，根据左下角命令提示，操作选取要打断的梁及柱，鼠标右键确认选取，即可完成打断。如图 9-7、图 9-8 所示。根据此操作，完成其他标准层梁柱交接处打断处理。

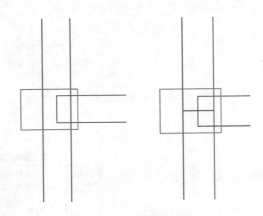

图 9-8　梁柱打断操作

9.3.2　补充结构板

　　在标准层 1，选择"构件与荷载-板布置"，如图 9-9 所示。设置板厚为 130，混凝土强度等级为 C35，选择标高布板，即可在本层标高处生成对应结构板，如图 9-10、图 9-11 所示。

　　Tips：板布置中，"偏心"为升板降板参数，当填为正数时为向上偏，当填负数时为向下偏。

"点选布板"为通过点击≥4个点，确定某一平面为板。可布置任意房间；

"框选布板"可通过框选，选中的封闭空间即形成板；

"标高布板"选择后，会自动在层高处生成板。

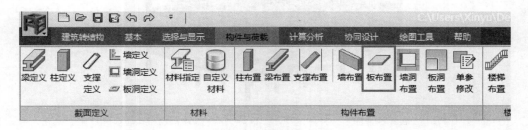

图 9-9　板布置菜单

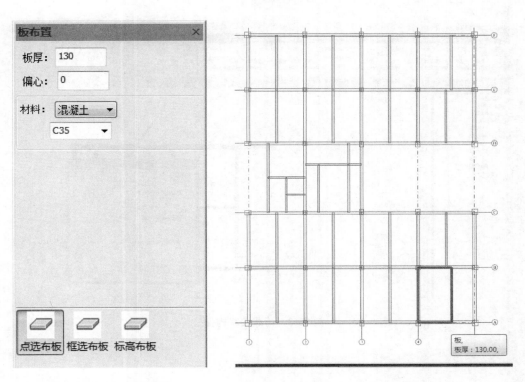

图 9-10　板布置菜单　　　　　　　图 9-11　完成布置结构板

用同样方式完成其他两个标准层构件调整及布置。调整完结构模型如图 9-12 所示。

9.3.3　荷载关联构件

在转换完成后，需要对荷载以及对应构件进行关联，选择"建筑转结构-荷载关联构件"，即可完成对应关联，如图 9-13 所示。

图 9-12　调整完结构模型

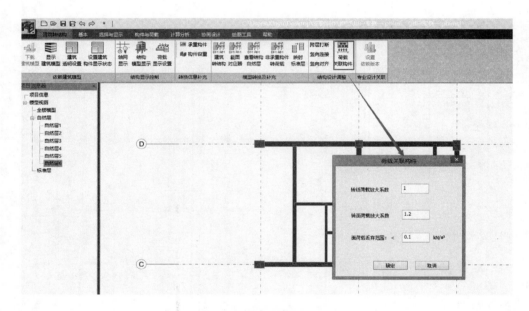

图 9-13　荷载关联构件

第 10 章 整 体 计 算

10.1 工程概况

主体结构的设计使用年限为 50 年。

自然条件：基本风压为 0.55kN/m^2；基本雪压为 0.20kN/m^2；抗震设防烈度为 7 度。

10.2 整体计算分析

选择"计算分析-整体计算"，即可弹出接力 PKPM 结构软件对话框，如图 10-1 所示。

第一次接力结构计算，选择"生成 PM 数据"，点击"确定"即可进入到 PKPM 结构软件中进行相关计算。如图 10-2 所示。

Tips：

按自然层形成标准层：当模型是在自然层上进行建模或修改时，可在勾选此菜单，在进入 PM 中，会按自然层形成标准层。

全楼构件偏心调整：勾选此菜单后，会对模型进行偏心调整。

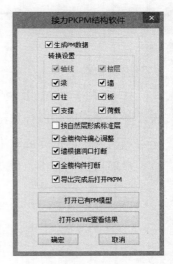

图 10-1　接力 PKPM 结构
软件菜单

墙根据洞口打断：根据 PM 建模规则，会把带有双洞墙打断。

全楼构件打断：会对构件相交处进行打断。

在 PKPM 中可进行相关的计算参数设置及计算，本书不做详细介绍。

在结构分析时，需要关注楼板导荷问题。当楼板长宽比大于 3：1 时可按单向板设计；2：1～3：1 之间时可按单向板或者双向板设计；小于 2：1 时，可按双向板设计。根据装配式初始方案，本工程叠合板采用单向叠合楼板密拼接缝方式，且楼板长宽比为 2：1，故楼板按单向板导荷方式进行。在 PMCAD 中通过"荷载布置-导荷方

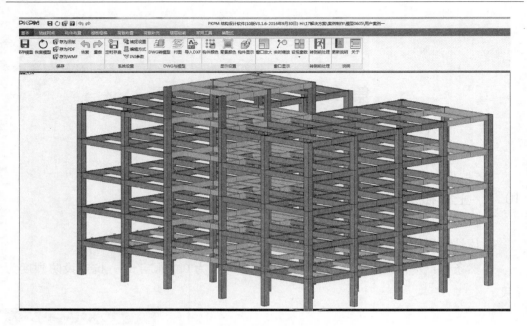

图 10-2　PKPM 结构计算

式"进行修改。

　　在 PKPM 中经过反复计算，调整满足相应指标及配筋后，返回到 PKPM-BIM 平台，并自动读取相应计算结果。如图 10-3 所示。

　　点击确定即可完成结果读取。

　　在项目浏览器中，自动增加"设计模型楼层"，如图 10-4 所示。

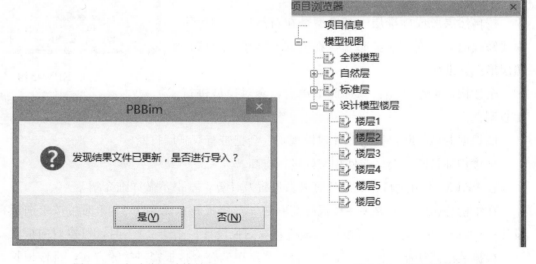

图 10-3　自动读取计算结果　　　　　　　　　　图 10-4　项目浏览器

　　选择对应楼层，选择"结果显示"，即可查看各自然层的计算结果，如图 10-5 所示。

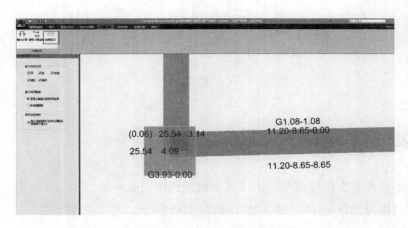

图 10-5　计算结果显示及查看

Tips：

　　在结构计算过程中，会进行多次构件尺寸调整，在调整完毕后，调整后的模型与最初建筑转结构模型会有较大区别。可以通过"基本-导入 PM"菜单，把调整后结构模型导入到 BIM 模型中，进行多专业查看，并作为后期装配式设计的参考依据。

第 11 章 发布模型并调整

11.1 发布结构模型

在基本完善本次结构模型后，可发布模型到协同服务器。

选择"协同设计-上传至服务器"，如图 11-1 所示，可完成模型发布工作。

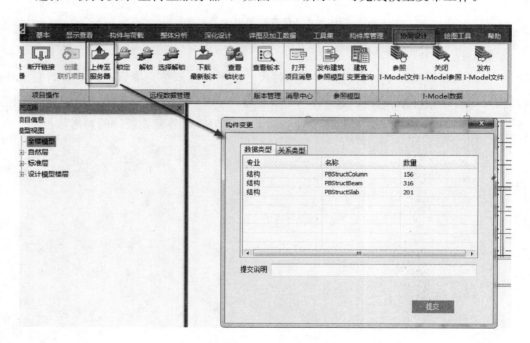

图 11-1 发布结构模型

11.2 获取全专业模型并调整

在设计过程中，可随时通过下载全专业模型，查看其他专业情况，并根据建筑变更，修改完善模型。

第 4 篇　机 电 设 计

本专业具体流程如图 4 所示。

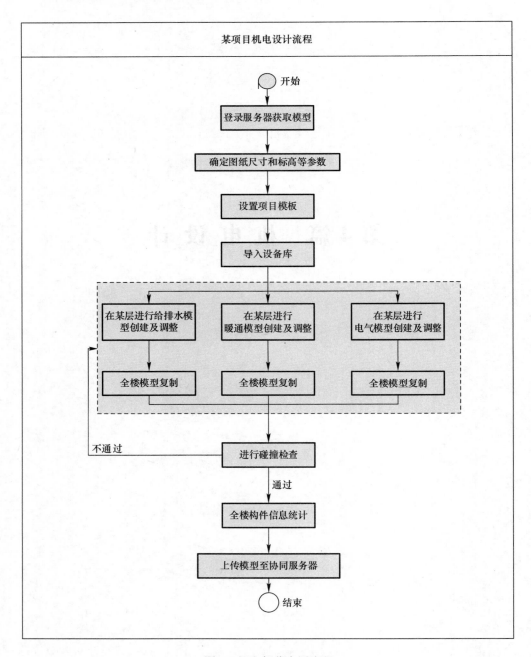

图 4　机电部分应用流程

第 12 章　打 开 项 目

本章主要介绍项目的基本情况和项目建模前的准备工作，包括 CAD 底图准备，如何登录协同平台，下载全专业模型等内容。

12.1　项目介绍

本项目为 1 号厂房，地上五层，建筑高度 23.95m。屋面防水等级一级，防火等级为多层厂房建筑，耐火等级二级。其中给水排水设计范围包括生活给水、生活污废水系统、室内消火栓给水系统、自动喷水灭火系统。电气设计范围包括配电系统、核心筒照明、火灾自动报警系统。

12.2　基本模型准备

12.2.1　CAD 底图准备

在 CAD 平面底图中明确喷淋、消火栓、消防广播等设备的位置，应在平面中标注距墙距离，便于在模型中进行定位。管线和桥架标高，根据建筑层高、板厚、结构梁高计算后，在平面中标注，如图 12-1 所示。

12.2.2　登录协同平台

双击图标启动程序，选择机电相关专业，点击打开团队项目，如图 12-2 所示。

打开协同项目登录界面，输入用户名和密码。在协同设计栏目，点击下载全专业最新模型。

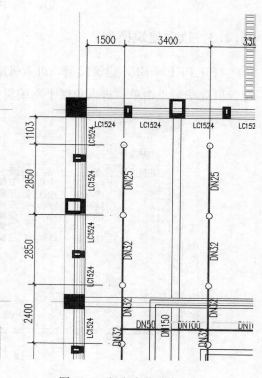

图 12-1　机电点位确定

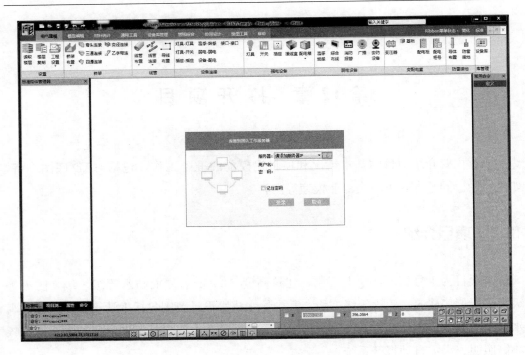

图 12-2　协同登录界面

12.2.3　读取建筑模型

打开 PKPM-BIM 建筑模型，进入机电相关专业后，首先进行读取楼层操作。楼层读取完毕后点击单层进入单层平面编辑界面，如图 12-3 所示。

楼层编号	层高	标高	操作类型	复制参考楼层	备注
1	4500.00	0.00	空操作	0	一层
2	4500.00	4500.00	空操作	0	二层
3	4500.00	9000.00	空操作	0	三层
4	4500.00	13500.00	空操作	0	四层
5	4500.00	18000.00	空操作	0	五层
6	4200.00	22500.00	空操作	0	屋顶层

图 12-3　读取楼层

12.2.4　建筑模型参照

进入一层后，右键选择视图参照，勾选建筑模型显示方式为 2D，并且隐藏建筑楼板、楼梯等构件。模型显示方式可以根据绘制的不同系统在线框模式和着色模式下进行实时切换，方便参照建筑模型，如图 12-4 所示。

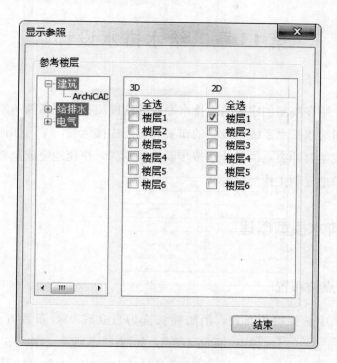

图 12-4 视图参照窗口

第 13 章　给水排水设计

本章主要介绍在模型创建中给水排水专业的建模流程，包括消防喷淋系统，消火栓系统，卫生间给水排水系统中设备的布置和智能连接调整，学习如何参照底图和建筑结构模型完成主要冲突点的避让，按步骤由浅到深，快速地完成全楼给水排水专业的绘制和全楼模型复制工作。

13.1　给水排水模型创建

13.1.1　喷淋点位布置

在自动喷洒中选择喷头布置，消防喷头选为直立式 01，布置方式为任意布置，标高 4.3m，如图 13-1 所示。

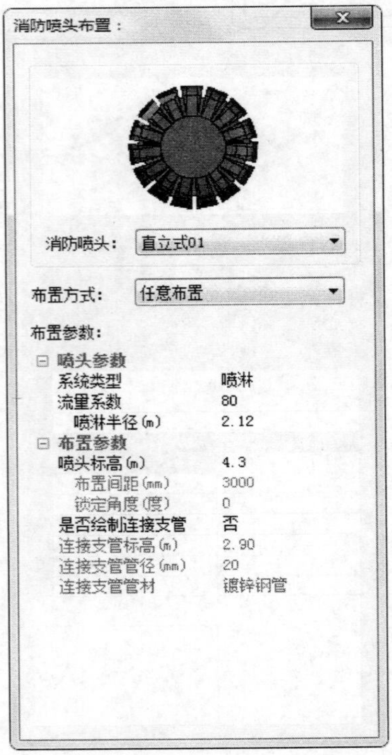

按照 CAD 图中选择墙角为定位点，按快捷键 "o" 进行捕捉后向右偏移输入相应尺寸，向上偏移输入相应尺寸，点击左键确认布置，如图 13-2 所示。

点击布置好的喷淋右键进行复制，选择喷淋中心为定位点，向上偏移输入相应距离后点击左键确认。应用整体复制的方式完成本层喷淋点位布置，如图 13-3 所示。

13.1.2　喷淋管线布置连接

根据 CAD 平面图确定从一层至五层喷淋立管高度大概为 22m。在水管布置中选择布水立管。

管道类型选择消防-自动喷洒管，管径 150mm，底标高为 0m，顶标高为 22m，布置在楼梯间左下角相应位置，如图 13-4 所示。

图 13-1　喷淋参数调整

扫码看相关视频

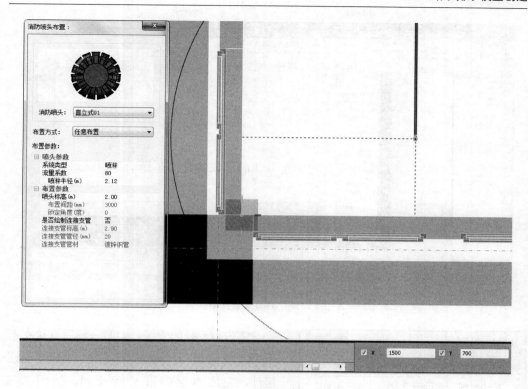

图 13-2　定位喷淋点位

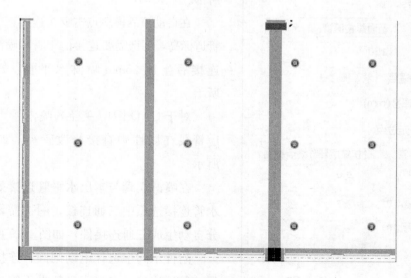

图 13-3　喷淋布置

　　同理布置楼梯间 DN100 消火栓立管及本层其他位置消防立管。计算本层喷淋干管标高为 3.7m，选择水管布置中单管绘制，选择消防-喷淋管，管径 150mm，按照底图位置绘制，如图 13-5 所示。

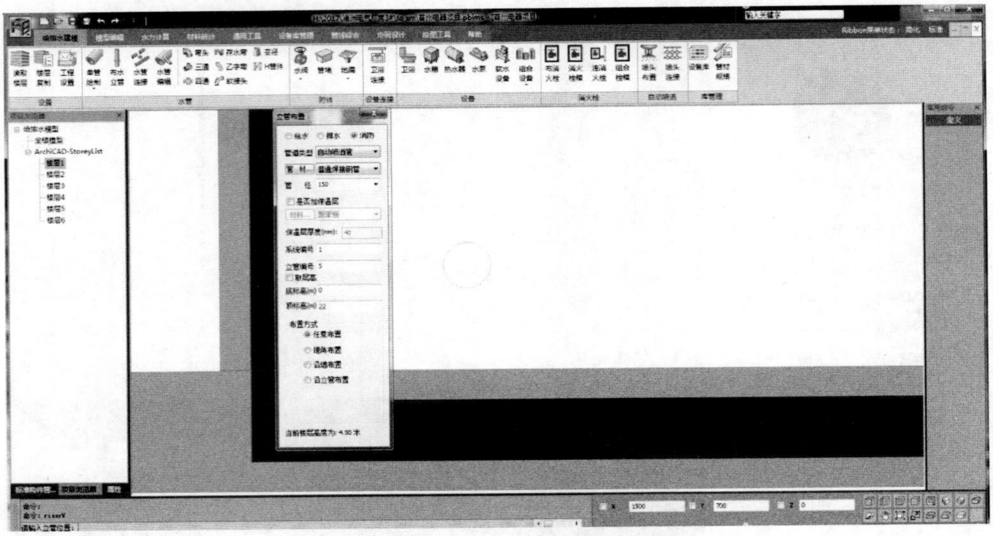

图 13-4 消防立管布置

图 13-5 消防立管参数调整

需进行变径的管线，绘制一段后直接在菜单中选择不同管径继续绘制，自动生成变径连接件，完成本层喷淋干管绘制，如图 13-6 所示。

在自动喷洒模块点击喷头连接，选择选取管道标高，圈选需要连接的干管和喷淋，自动连接后生成 25mm 喷淋水平管，如图 13-7 所示。

对于 CAD 图中变径的喷淋管，可选相应管线在属性中直接修改管径，如图 13-8 所示。

在喷淋立管与本层水平管连接处，选择水管连接选项中三通连接，圈选需要连接部分自动生成三通连接件，如图 13-9 所示。

附件水阀中选择电动闸阀，连接方式选择按管口连接，点击水平喷淋干管相应位置布置阀门，如图 13-10 所示。

布置后根据水平坐标系调整阀门方向，点击左键确认，如图 13-11 所示。

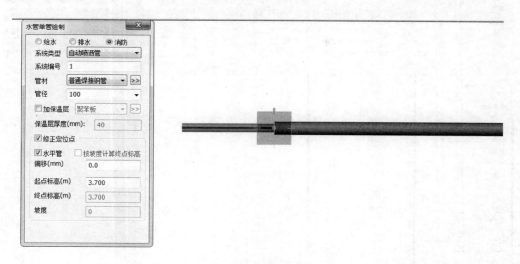

图 13-6　管道绘制

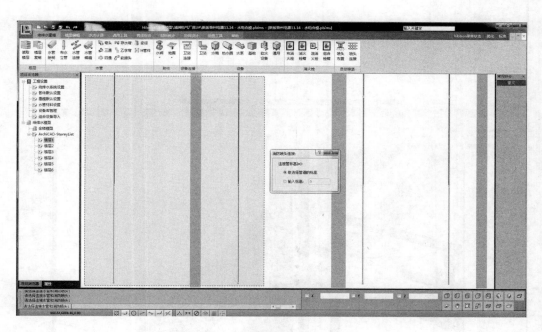

图 13-7　喷淋管道自动连接

同理完成消火栓水平管和立管连接并且布置相应水阀，完成本层喷淋管道连接。

13.1.3　消火栓点位布置

在消火栓箱中选择室内消火栓箱 01，底标高 0.9m，按 CAD 底图中位置选择柱面为插入点布置，选择插入角度，点击左键确定，如图 13-12 所示。

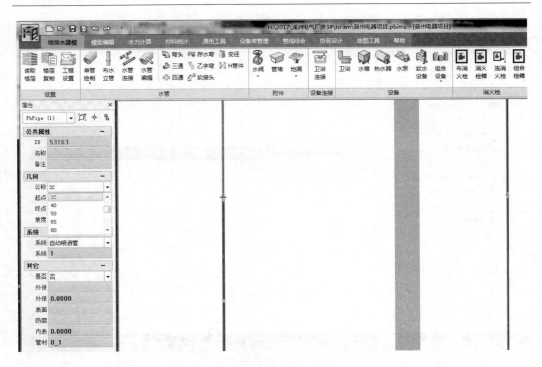

图 13-8　管道参数查看

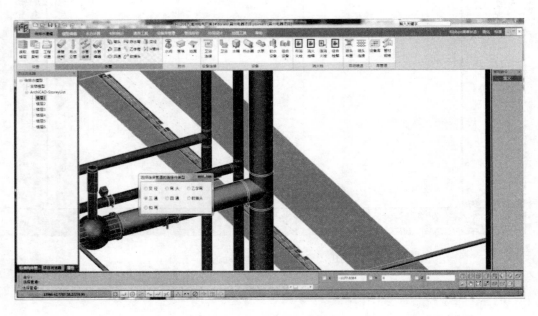

图 13-9　水管三通连接

依次布置本层消火栓箱。对照底图位置在柱前布置灭火器，如图 13-13 所示，依次完成本层灭火器布置。

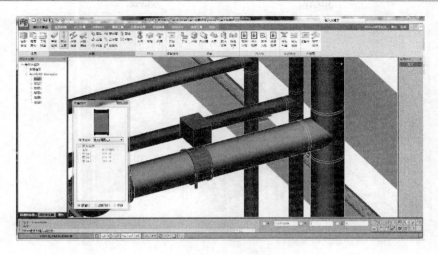

图 13-10 阀门选择

图 13-11 阀门布置及方向调整

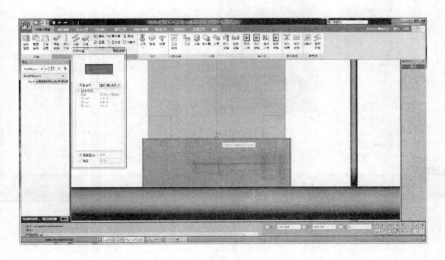

图 13-12 消火栓箱布置

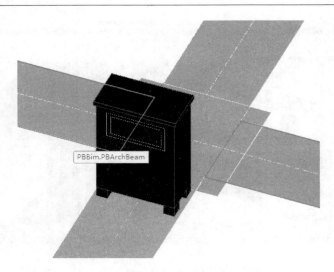

图 13-13　消火栓箱查看

13.1.4　消火栓立管连接

点击布置水立管，在柱边缘布置消防立管，布置方式选择任意布置，管径 100mm，高度 22m，如图 13-14 所示。

扫码看相关视频

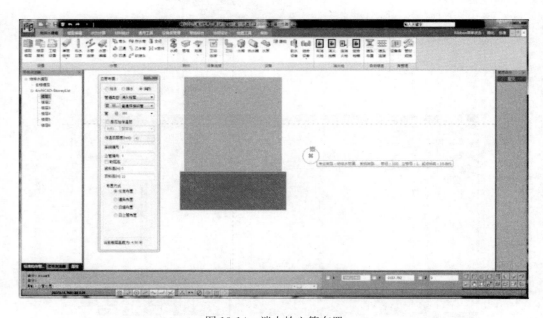

图 13-14　消火栓立管布置

点击消火栓中连接消火栓功能，选择和立管连接，圈选消火栓和立管后完成自动连接，依次连接本层其余消火栓，如图 13-15、图 13-16 所示。

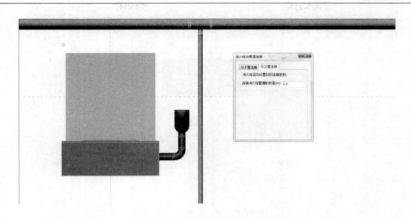

图 13-15　消火栓与立管连接

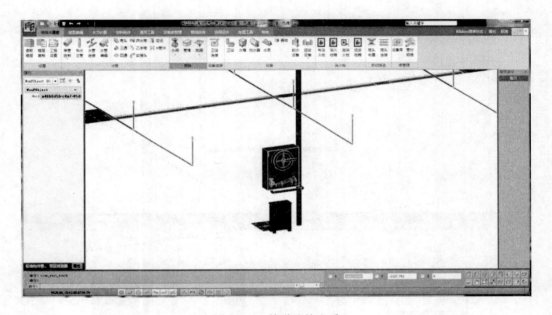

图 13-16　管道连接查看

13.1.5　卫生间给水排水系统布置

在设备中选择相应卫浴设备，蹲便器标高为 0.15m，洗手盆标高为 1.2m，小便器标高为 0.9m，如图 13-17 所示。

依次布置好卫生间的卫浴设备后，点击水管中单管绘制。在排水中选择污水管，标高设置为 −0.2m，管径 150mm，如图 13-18 所示。

按照 CAD 图沿方向绘制主要污水管，在变径部分直接调整绘制管线为 50mm，自动生成变径连接件，如图 13-19 所示。

图 13-17　蹲便器布置

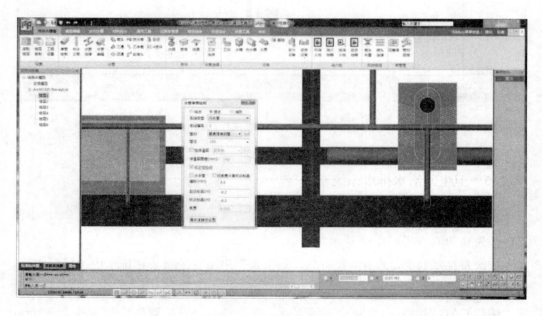

图 13-18　污水管绘制

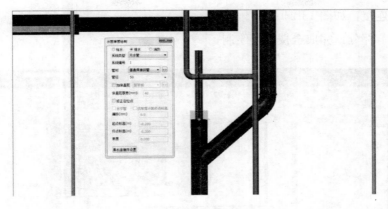

图 13-19 水管变径绘制

13.2 全楼复制

13.2.1 全楼模型复制

复制时可右键打开视图参照选项,取消所有非本专业视图参照,方便查看选择的构件。

点击设置中楼层复制,首先将第一层设备全部复制到第二层。选择复制参考楼层 1,勾选复制目标楼层 2,系统类型全部选择。点击全层复制,如图 13-20 所示。

切换到楼层 2,调整楼梯间喷淋数量和位置,删除楼层 1 中重复复制的立管,如图 13-21 所示。

点击楼层复制,复制参考楼层 2,复制目标楼层勾选 3-5 层,点击选择复制,如图 13-22 所示。

圈选全部给水排水构件,切换到西南轴测图,按住"Ctrl"点击消火栓和其他楼梯间立管取消选择,在空白处单击右键完成全楼复制,如图 13-23 所示。

切换到楼层 5,将立管和水平管交汇

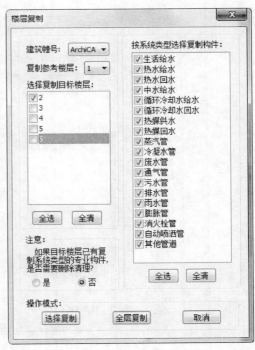

图 13-20 楼层复制窗口

位置用弯头连接，如图 13-24 所示。

调整细节部分，完成全楼模型绘制。

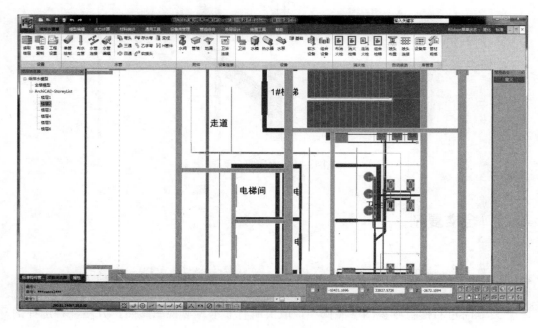

图 13-21　多余构件删除调整

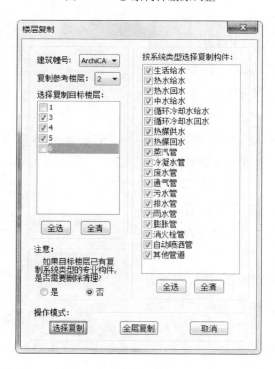

图 13-22　标准层复制

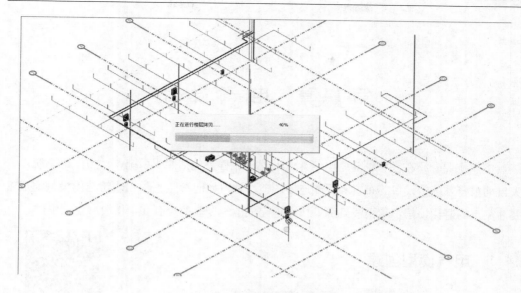

图 13-23 轴测视角模型查看

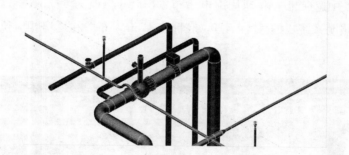

图 13-24 管道细节调整

第14章 电气设计

本章主要介绍在模型创建中电气专业的建模流程，包括照明系统，动力配电系统，火灾自动报警系统中设备的布置和智能连接调整，学习如何参照底图和建筑结构模型完成主要冲突点的避让，按步骤由浅到深，快速地完成电气专业的绘制和全楼模型复制工作。

14.1 电气模型创建

扫码看相关视频

14.1.1 配电箱布置

在强电设备中选择配电箱-通用配电箱布置，尺寸修改为 600mm×600mm×200mm，系统名称选择照明系统，编号 1-1AP2，底标高 1.5m，布置在厂房相应位置，如图 14-1 所示。

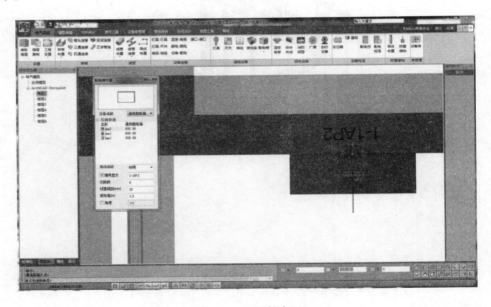

图 14-1　配电箱布置

插入点选择墙面，通过调整平面坐标系确定插入方向。

切换到一层强电弱电竖井位置，布置消防配电箱 XD，插入点距竖井墙边 400mm

处。按"o"，向下偏移鼠标后，输入 400，点击左键确定插入电箱，并且调整参数，如图 14-2 所示。

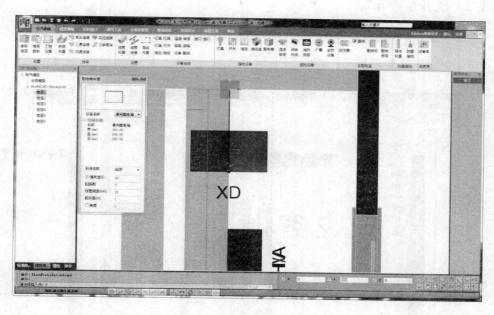

图 14-2　配电箱点位控制

其中，弱电竖井中的 H/A 箱和 IV 箱可在不同标高同一位置进行布置，如图 14-3 所示。

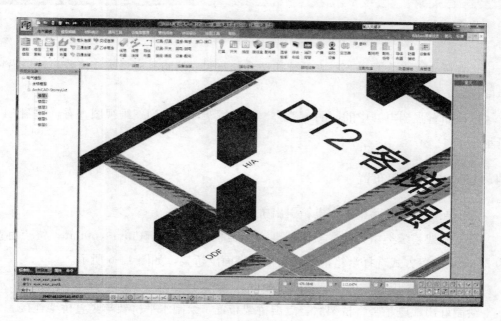

图 14-3　弱电箱布置

依次布置好本层竖井和厂房中的弱电箱。

14.1.2　竖井桥架布置

按照 CAD 图纸中，强电竖井中分别有照明和消防照明桥架两种。在桥架布置下面三角菜单中选择竖直桥架，如图 14-4 所示。

图 14-4　桥架布置

竖直桥架标高修改为 22m，系统类型选择照明或消防相应系统，修改尺寸后沿墙角偏移 50mm 布置。

依次布置强弱电井中的照明、消防、弱电桥架，切换到三维视图查看，如图 14-5 所示。

14.1.3　平面桥架布置

点击配电箱下拉菜单中配电箱引出桥架功能。

设置桥架系统类型为槽式安防桥架，加盖板，尺寸为 50mm×50mm，终点标高为 3.6m，布置方式选择沿箱柜背面箱柜上表面出桥架，如图 14-6 所示。

点击 H/A 配电箱，引出桥架后，左键点选空白处确认。

绘制好出配电箱竖直桥架后，点击桥架布置，绘制水平桥架与竖直桥架连接。

系统类型选择安防，尺寸 50mm×50mm 槽式桥架加盖板，勾选修正定位点和水

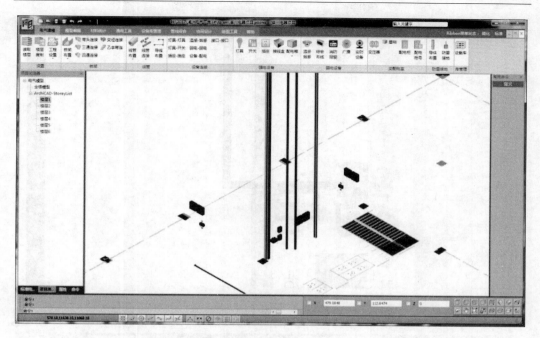

图 14-5 三维视角查看

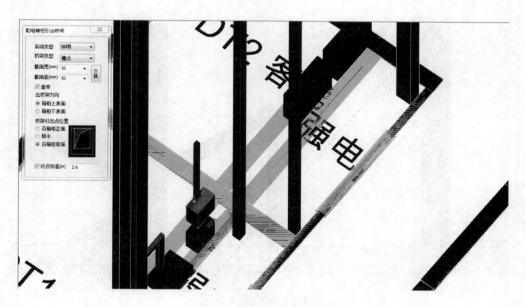

图 14-6 架桥参数设置

平管两个选项,设置标高为 3.6m。

切换到俯视图,插入点选择竖直桥架中心位置,绘制水平桥架,如图 14-7 所示。

切换到东南轴侧视图,选择桥架-弯头连接功能,如图 14-8 所示。

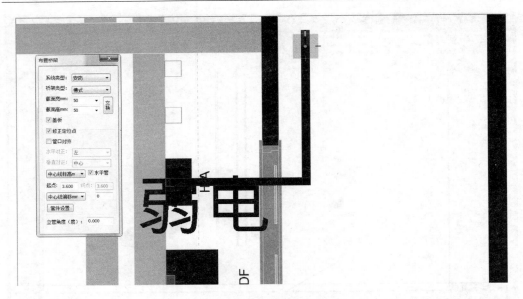

图 14-7　桥架基本绘制

图 14-8　桥架弯头连接

左键点选两根桥架，右键点击空白处确认自动生成弯头，如图 14-9 所示。依次绘制完成本层水平桥架。

14.1.4　桥架连接

参照上节平面桥架布置方法，选择配电箱出桥架功能，选择 ODF 配电箱出桥架。

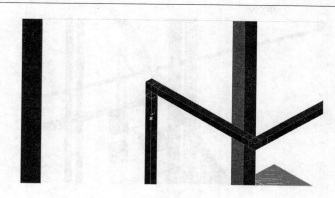

图 14-9 弯头连接样式

设置桥架系统为网络，尺寸 100mm×50mm，终点标高设置为 2m，点击配电箱后空白处点击左键确认，如图 14-10 所示。

图 14-10 桥架立管引出

选择桥架布置，通过水平桥架至竖井竖直网络桥架，水平桥架标高为 2.12m，尺寸为 50mm×100mm，连接处可选择生成弯头如图 14-11 所示。

依次连接竖井内配电箱和竖井桥架，完成本层桥架连接，如图 14-12 所示。

14.1.5 核心筒照明点位布置

选择强电设备中灯具布置-圆形吸顶灯，布置方式选择矩形 3×2 布置，标高修改为 3.5m，勾选边距比为 0.5。

图 14-11　桥架管路连接

图 14-12　桥架管路调整

点击电梯厅右下角为插入点，水平向左偏移至墙边缘后点击左键确定，竖直向上偏移覆盖整个电梯厅，其中十字图标代表布置的照明点位位置，再次点击左键确定竖直方向后，完成灯具矩形布置，如图 14-13 所示。

再次点击灯具布置，选择圆形吸顶灯，布置方式选择任意，参数同电梯厅灯具，在竖井走廊、平层楼梯间等相应位置布置如图 14-14 所示。

跃层楼梯间中灯具布置时，注意标高修改，根据计算楼梯间吸顶灯标高改为6.6m，如图 14-15 所示。

布置好灯具位置后，在墙面上布置开关。

选择强电设备中开关布置-声光控开关，布置方式为第二种沿墙布置，系统类型为照明系统，标高修改为 1.2m，如图 14-16 所示。

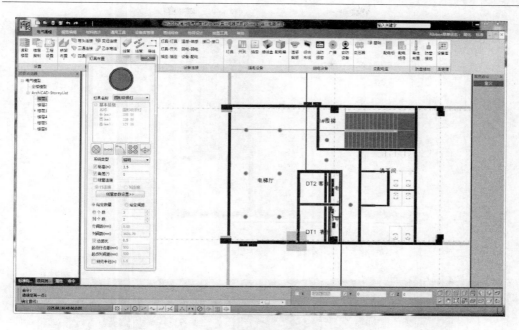

图 14-13　灯具参数选择

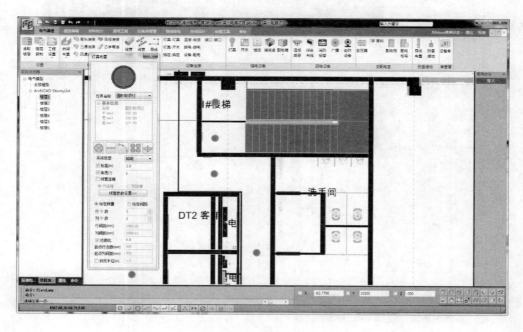

图 14-14　灯具布置

在核心筒楼梯间相应墙面布置声光控开关。同理布置电梯厅内声光控开关，如图 14-17所示。

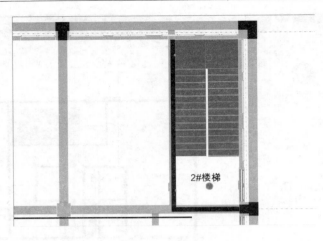

图 14-15　灯具点位控制

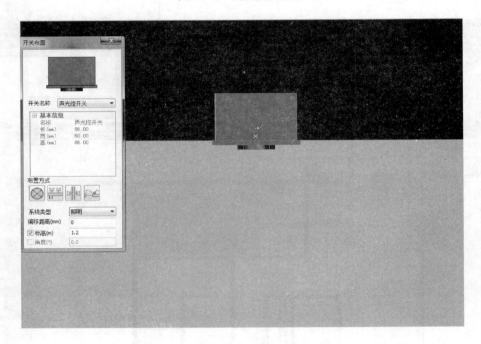

图 14-16　开关参数控制

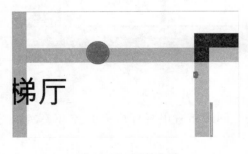

图 14-17　开关布置

整层开关布置完毕后，再次选择灯具布置中安全出口，选择任意布置方式，标高根据计算修改为 3.5m，在门上布置，如图 14-18 所示。

同理在相应位置标高 0.3m 处布置全层疏散指示，如图 14-19 所示。

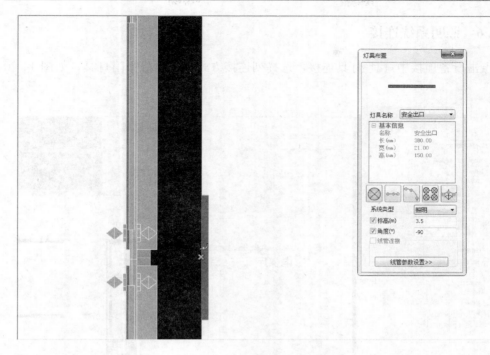

图 14-18　安全出口参数选择

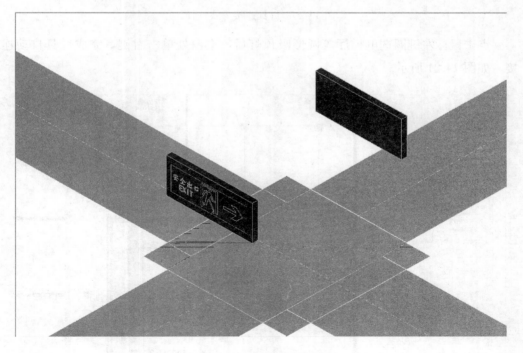

图 14-19　安全出口布置

14.1.6　照明系统连接

点击设备连接中灯具-灯具连接，选择列连接方式，接线盒吸附灯具，如图 14-20 所示。

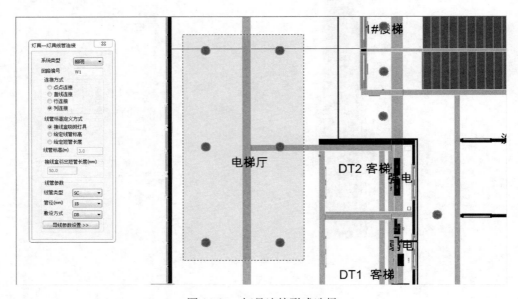

图 14-20　灯具连接形式选择

点击鼠标左键圈选电梯厅等圆形吸顶灯后，空白处单击右键，完成灯具自动连接，如图 14-21 所示。

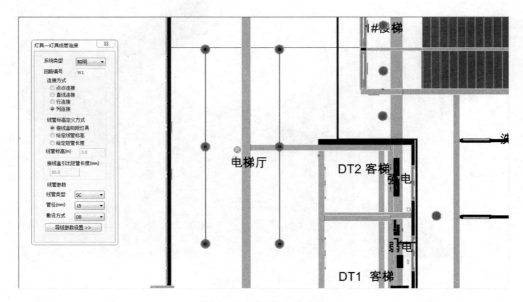

图 14-21　灯具自动连接

对于单个灯具连接，可点击灯具连接中点点连接，单击连接灯具后自动生成接线盒吸附灯具。

同理，选择灯具-开关连接后，选择接线盒吸附灯具，点击需要连接的吸顶灯和相应开关，空白处单击鼠标右键确定后自动生成水平和竖直连接管，如图 14-22 所示。

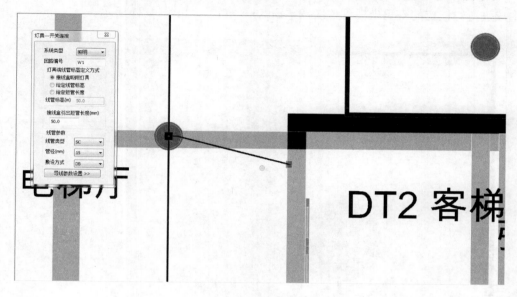

图 14-22　灯具与开关间连接

若有重复生成接线盒现象，也可单击接线盒上十字形夹点，在相应方向拉出线管，调整参数后进行绘制，如图 14-23 所示。

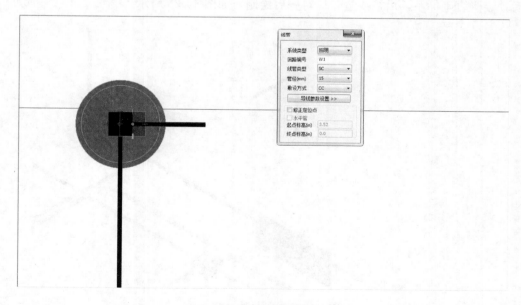

图 14-23　接线盒线管引出

　　选择水平方向，待十字光标上出现黑色粗线时按"Enter"锁定该方向直角坐标，以免发生偏移。

　　水平拉伸至相应接线盒接口处，以虚线对齐，单击左键确定继续向竖直方向绘制线管，绘制时按"Enter"锁定直角坐标直至连接到接线盒，其中线管拐弯处可自动生成过弯，锁定的直角坐标可再次按"Enter"解锁，如图 14-24 所示。

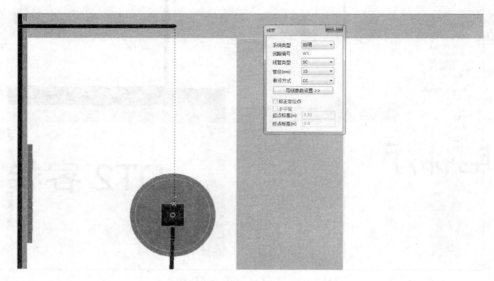

图 14-24　线管绘制

　　竖直方向连接的线管可先切换到西南轴测模式下，按"s"切换坐标为侧视坐标后锁定竖直坐标系，沿接线盒管口对齐后绘制，如图 14-25 所示。

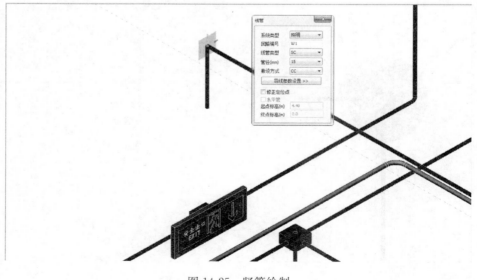

图 14-25　竖管绘制

在楼梯间灯具通过立管连接，点击线管布置下拉菜单中布置立管，设置底标高和顶标高为 0m 和 20m，系统类型为照明，线管类型 SC，管径 15，布置在楼梯间侧面墙内，如图 14-26 所示。

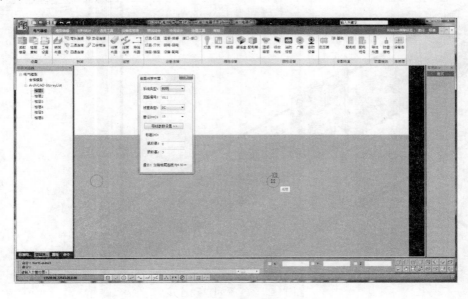

图 14-26　竖向线管参数修改

同上布置三个楼梯间内立管。

楼梯间疏散指示的连接可沿墙直接连至立管，点击接线盒布置，选择吸附设备管口布置方式，点击疏散指示后调整布置方向为垂直方向，空白处单击左键确认，如图 14-27 所示。

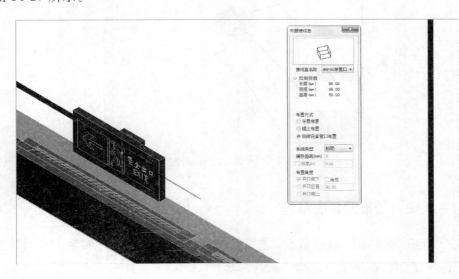

图 14-27　接线盒线管引出

点击接线盒靠近立管的十字夹点，修改管径 SC15，拉伸出照明水平管后对齐立管位置完成连接，水平管和垂直管交叉处可进行线管连接处理，如图 14-28 所示。

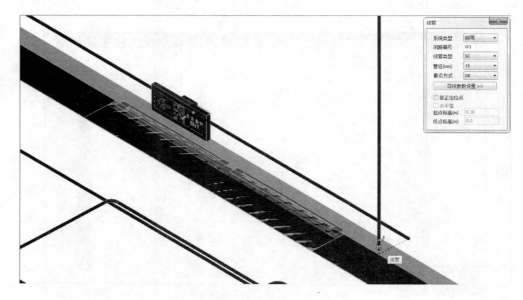

图 14-28　线管间自动连接

楼梯间吸顶灯连接立管方式同疏散指示，拉出水平管线后沿顶板连接至立管向上引出至顶层如图 14-29 所示。同理完成三个楼梯间内的灯具连接。

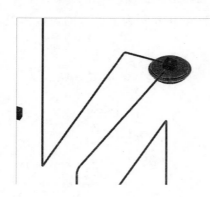

图 14-29　线管与灯具间连接

14.1.7　火灾自动报警系统布置

点击弱电布置中温感烟感布置，选择布置点型感温探测器，布置方式为任意布置，标高修改为 4.4m，其余参数为默认参数。

根据 CAD 图中位置布置探测器，如图 14-30 所示。

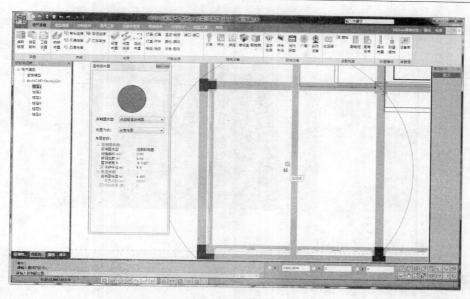

图 14-30　烟感探测器布置形式选择

布置好一点后，向水平方向偏移，按"Enter"锁定直角坐标后进行布置，如图 14-31 所示。

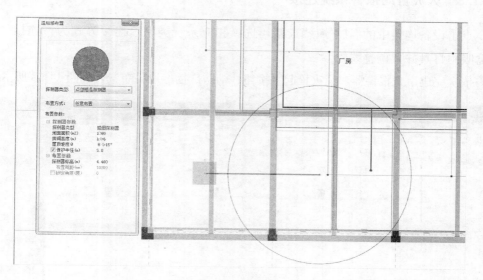

图 14-31　烟感探测器布置

布置好水平四个探测器后全部选中，右键复制，锁定直角坐标向上偏移至各个房间。

利用单点布置和复制功能布置整层探测器。

选择弱电设备中的消防报警，点击带电话插孔的手动报警按钮，标高修改为 1.2m，修改相应系统类型。选择墙边为插入点插入设备后，调整方向，如图 14-32 所示。依次完成声光报警器、消火栓起泵按钮、消防广播等设备布置。

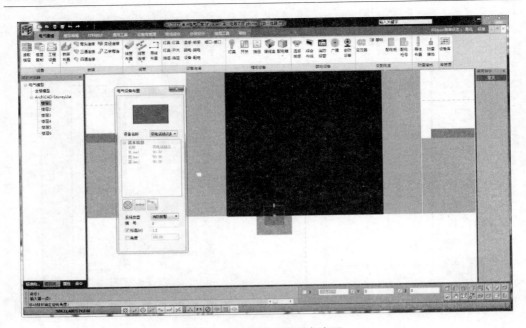

图 14-32　消防报警设备布置

14.1.8　火灾自动报警系统连接

点击设备连接中的温感-烟感连接，选择相应系统类型，连接方式为行连接，接线盒吸附灯具并且调整线管参数。

依次完成声光报警器、消火栓起泵按钮、消防广播等设备布置，如图 14-33 所示。

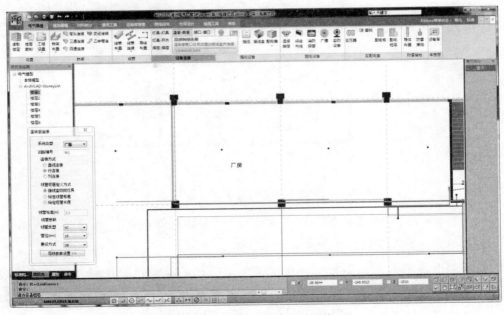

图 14-33　温感-烟感自动连接

圈选整行探测器，单击左键进行确认，自动生成连接线管和接线盒。

依次连接本层探测器。

对于壁装需要立管的报警按钮等设备，可选择接线盒吸附设备管口布置后从接线盒拉出立管连接至相应位置，如图 14-34 所示。

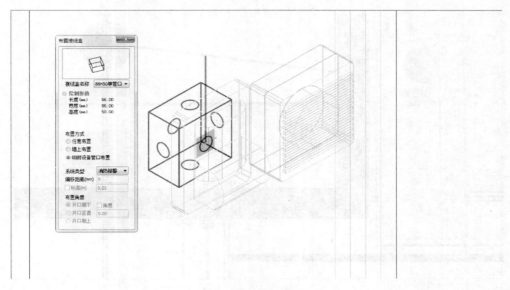

图 14-34　线框模式查看

在配电箱下拉菜单中选择配电箱出线管，修改间距为 30，点击配电箱后锁定直角坐标向上偏移至水平管位置，连接水平管，如图 14-35 所示。

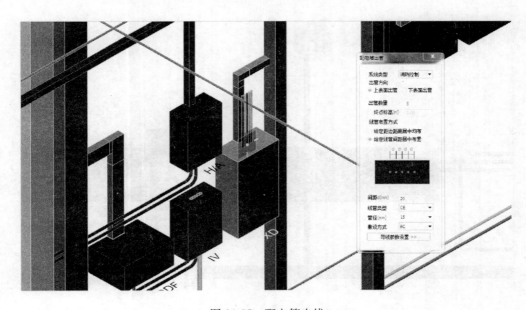

图 14-35　配电箱出线

14.1.9　弱电系统布置连接

点击弱电设备中安防设备-半球摄像头，修改系统类型为安防，标高 3.57m，布置于楼梯间角，如图 14-36 所示。

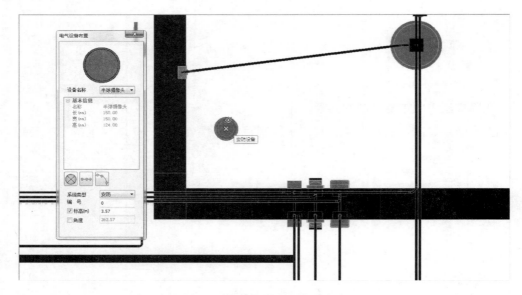

图 14-36　安防设备间自动连接

在摄像头顶面布置双管口接线盒，从接线盒出线连接至安防桥架，如图 14-37 所示。布置连接本层摄像头。

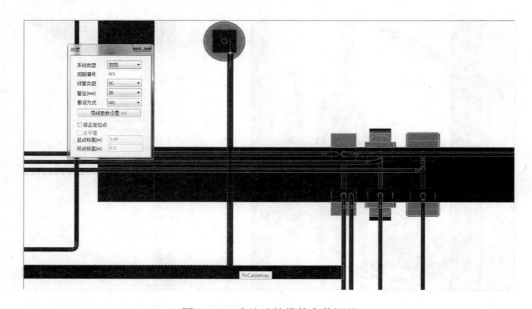

图 14-37　安防连接线管参数调整

14.2 全楼复制

复制时可右键打开视图参照选项，取消所有非本专业视图参照，方便查看选择的构件。

点击设置中楼层复制，首先将第一层电气设备全部复制到第二层。选择复制参考楼层1，勾选复制目标楼层2，系统类型全部选择。点击全层复制，如图14-38所示。

切换到楼层2，调整电梯间照明和广播数量及位置，删除室外配电箱和多余构件，删除楼层1中重复复制的立管。

点击楼层复制，复制参考楼层2，复制目标楼层勾选3～5层，单击选择复制，如图14-39所示。

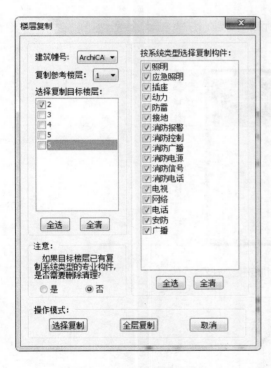

图14-38 电气楼层复制

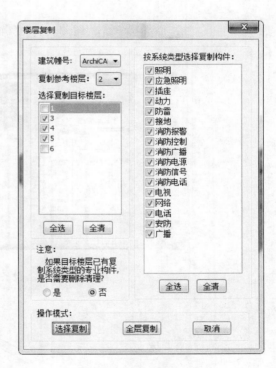

图14-39 楼层复制选择

圈选全部电气构件，切换到西南轴测图，按住"Ctrl"点击竖直桥架和立管，在空白处单击右键完成全楼复制，如图14-40所示。

6层设备机房按照1层布置顺序完成绘制，如图14-41所示。

切换到楼层5，将立管和水平管交汇位置用弯头连接，如图14-42所示。

调整细节部分，完成全楼模型绘制。

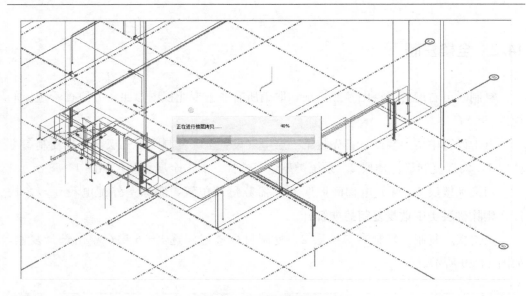

图 14-40　电气轴测图模型查看

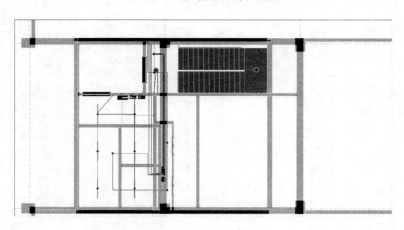

图 14-41　设备机房模型查看

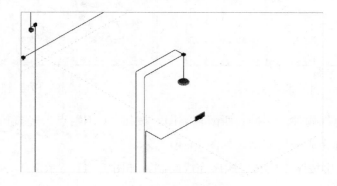

图 14-42　管线调整

第 15 章　碰撞检查及材料统计

前两章介绍了给水排水和电气专业的全楼模型创建，本章主要介绍参照全楼结构和建筑模型，完成电气桥架在公共区域的碰撞检查和调整步骤，以及在建模完成后对于全楼构件种类、数量等信息的统计。

15.1　碰撞检查

点击管线综合中碰撞检查选项。

勾选设备桥架和建筑构件，如图 15-1 所示。

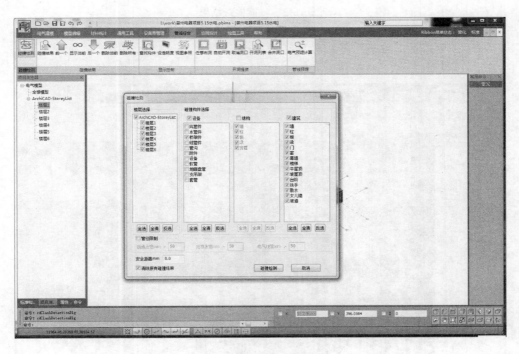

图 15-1　碰撞检查窗口

点击碰撞检测，完成后在模型中碰撞结果以红色圆圈表示（软件中为红色），如图 15-2 所示。

图 15-2　碰撞检查结果

对于需要避让的部分可使用模型编辑-局部调整进行编辑，如图 15-3 所示。

图 15-3　局部调整工具

点击查看碰撞结果，勾选电气专业和自动显示到碰撞位置，点击碰撞条目则对应碰撞位置在视图中亮显，如图 15-4 所示。

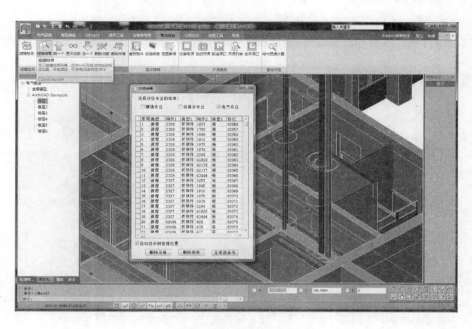

图 15-4　碰撞列表查看

点击生成报告书按钮，在 Word 文档中生成碰撞结果报告，如图 15-5 所示。

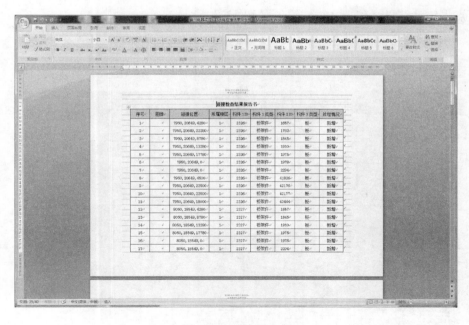

图 15-5　碰撞报告书

15.2　全楼材料统计

点击材料统计，勾选设备材料统计表，点击生成文件生成统计表格，如图 15-6 所示。

图 15-6　材料统计选择

点击统计结果，勾选文件查看，如图 15-7 所示。

图 15-7　材料统计报告书查看

在 Word 中查看统计结果，如图 15-8 所示。

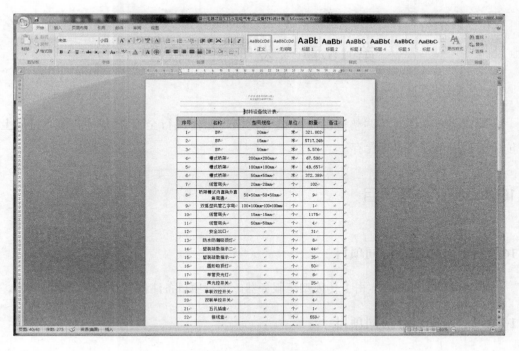

图 15-8 材料统计报告书

第 16 章　发布机电模型

本章主要介绍对于调整过的全楼机电模型，如何进行全专业协同工作，完成上传、下载模型以及本地保存。

16.1　保存协同项目

16.1.1　上传保存协同项目

在协同设计部分，点击上传模型至服务器。填写项目备注信息并且完成模型上传。

16.1.2　本地保存协同项目

点击菜单中另存工程，如图 16-1 所示。设置保存路径和项目名称，点击确定将项目保存至本地。

图 16-1　项目保存

第 5 篇　装配式设计

本部分主要基于全专业 BIM 模型，进行装配式方案设计、施工图出图、预制构件深化设计及出图等工作。通过本项目具体操作介绍，读者可以了解装配式设计深化流程。

本项目结构体系采用装配整体式框架结构，预制构件类型包括预制柱、叠合梁、叠合板，装配范围是 1～5 层。本专业具体流程如图 5 所示。

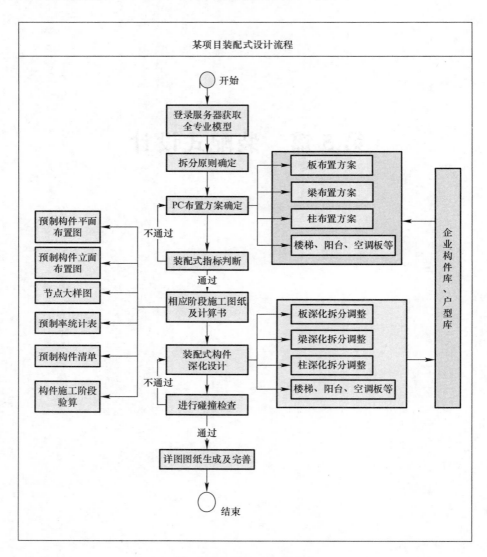

图 5　装配式设计应用流程

第17章 方案设计

本章主要从计算、工艺要求方面介绍装配式设计原则及拆分方式。以叠合梁、叠合板、预制柱为例进行介绍，确定装配式方案，并计算相应预制率，使读者了解装配式设计原理及制定装配式方案的方法。

17.1 装配式设计原则

17.1.1 计算原则

结构设计以《装配式混凝土结构技术规程》JGJ 1—2014 为主要设计依据。

在各种设计状况下，装配整体式结构可采用与现浇混凝土结构相同的方法进行结构分析。

节点区域的钢筋构造（纵筋的锚固、连接以及箍筋的配置等）与现浇结构相同。

17.1.2 工艺原则

- 构件之间无碰撞，构件内部各个工艺之间无碰撞。
- 连接区域混凝土后浇或后注浆。
- 柱纵向钢筋采用钢筋灌浆套筒连接。
- 梁采用机械套筒连接。
- 楼盖采用叠合楼盖（60mm 预制楼板＋70mm 现浇楼板），单向板密封板形式。
- 预制柱柱底接缝应采用高强灌浆料填实，并应确保密实。
- 构件重量少于 6.0t。

17.1.3 难点设计

节点核心区钢筋避让。

17.2　装配式拆分方案确定

17.2.1　拆分原则控制

1. 按预制率要求选择构件

扫码看相关视频

根据工程经验及上海相关政策，本项目构件选择优先级如表 17-1 所示。

预制率选择构件介绍　　　　　　　　表 17-1

预制率	15%	25%	30%	40%	选择优先级
外围护墙板（外挂）	√（局部）	√（局部）	√	√	★★★
空调板（如有）	√（局部）	√（局部）	√	√	★★★
阳台（如有）	√（仅边梁）	√	√	√	★★★
楼梯梯段	√	√	√	√	★★★
叠合楼板	×	√	√	√	★★
预制柱	×	√	√	√	★★
叠合梁	×	×	√	√	★★

2. 框架柱竖向连接

本项目采用套筒进行竖向连接，在后文预制柱拆分设计时进行详细讲解。套筒连接方式如图 17-1 所示。

3. 框架梁连接方式

本项目采用预留后浇带形式。在软件处理时，可自动在主梁上预留凹槽，通过调整钢筋排布，满足相应构造要求，如图 17-2 所示。

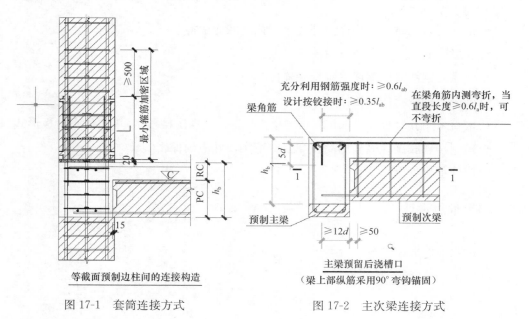

图 17-1　套筒连接方式　　　　　　　图 17-2　主次梁连接方式

梁梁连接须满足钢筋锚固长度，当不能满足锚固长度要求时，采用锚固板形式，如图 17-3 所示。程序可根据钢筋直径自动进行处理，生成对应节点。

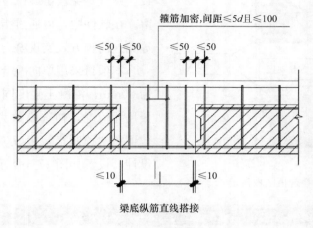

图 17-3 梁梁连接

17.2.2 叠合板拆分方案确定

启动程序，启动环境选择"装配式设计"，选择用户案例模型，进入装配式设计模块。

扫码看相关视频

1. 预制叠合板指定

预制板选定时，应尽量选择标准化程度高的板型，避免不规则板、设备管线复杂部位。

对于本项目，以标准层 2 为例进行设计。

可通过"预制指定-叠合板"命令进行，如图 17-4 所示。

图 17-4 叠合板指定参数

点选或框选板，并指定为预制叠合板。在软件中，选定为叠合板后，板颜色会由灰色变为浅绿色，选择预制板型如图 17-5 所示。

点击全楼模型，可查看与标准层 2 关联的自然层 2～自然层 5，随之完成指定。

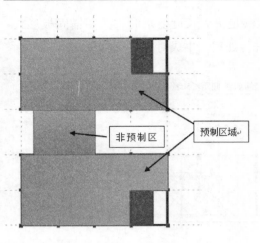

图 17-5　叠合板区域指定

2. 预制叠合板拆分

在叠合板拆分时，拆分板块应尽量一致，并且避免板拼缝位置在弯矩较大处预留。在软件中，可通过指定模数化、限制等宽这两种方式实现叠合板拆分模数化。

本项目采用单向叠合板，预制板板厚为 60mm，混凝土强度同主体结构。根据板尺寸情况，初选模数为 25dm。具体参数可在"预制指定-拆分-板参数"中进行设计，设置如图 17-6 所示。

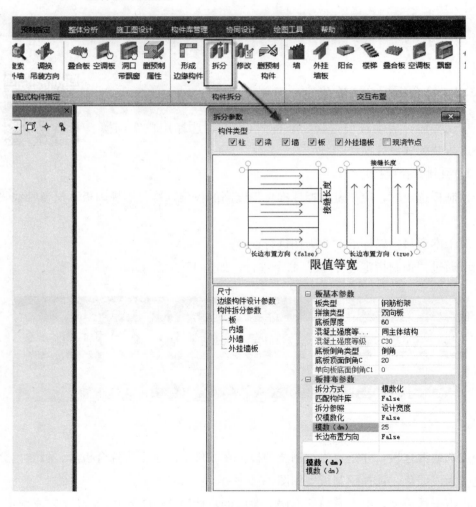

图 17-6　叠合板拆分参数

Tips：板的拆分方式有两种，模数化和限值等宽。

模数化：根据板排布参数-模数，确定拆分模数，程序会根据该模数值进行排布。当出现不满足模数时，会根据剩余尺寸与模数板之和与板最大拆分尺寸进行比较，当小于最大拆分尺寸时，会取该和为最后板宽，如果大于最大拆分尺寸时，会拆分为一块模数板，一块非标准板。

限值等宽：根据板排布参数-宽度限值，确定拆分宽度，取最少等宽度板如图 17-6 所示。

参数设定完毕后，可点选或框选进行拆分，如图 17-7 所示，会给出对应板拆分尺寸及布置方向。完成拆分后，结果如图 17-8 所示。

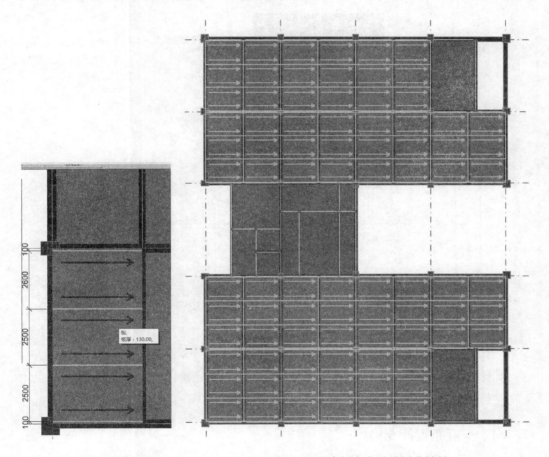

图 17-7　叠合板拆分尺寸　　　　　　图 17-8　叠合板方案设计拆分结果

17.2.3　预制梁、柱方案确定

1. 预制梁指定

选择"预制指定-叠合梁"，弹出叠合梁参数对话框如图 17-9 所示。本项目中，

板厚为 130mm，叠合梁现浇部分高度取为 130mm，键槽根部截面面积占预制截面面积比例根据经验暂取为 0.4。

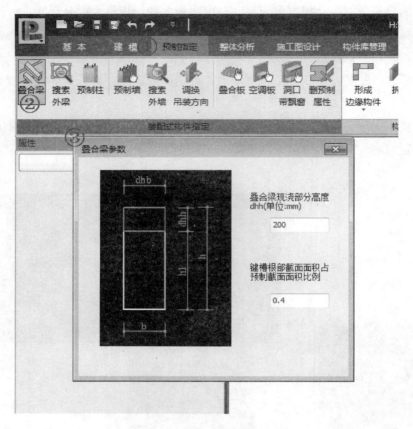

图 17-9　叠合梁参数对话框

通过点选或框选选定要进行预制的构件，选中后，梁颜色会由蓝色变为绿色。

最终确定的预制梁如图 17-10 所示。

2. 预制柱指定

预制柱指定方式同叠合梁，可通过点选或框选确定预制构件，点选后柱子颜色由深黄色变为浅黄色。如图 17-11 所示。

17.2.4　交互布置补充构件

在方案阶段，可粗略布置楼梯等构件，以便统计预制率。

以标准层 2 为例，布置预制楼梯。

选择"深化设计-预制楼梯"，可进行相关参数设置，如图 17-12（*a*）所示。

在对应位置点选，并根据左下角命令提示进行楼梯布置，布置完成后如图 17-12（*b*）所示。

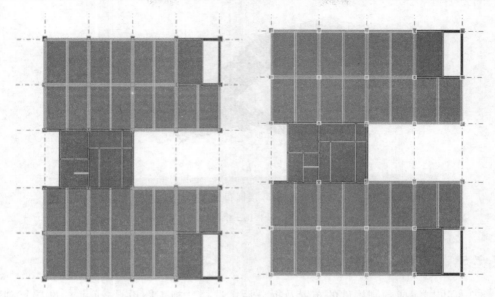

图 17-10 梁方案确定   图 17-11 预制柱方案图

(a)

图 17-12 楼梯布置（一）

(a) 楼梯布置参数图

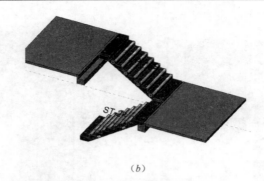

(b)

图 17-12　楼梯布置（二）

(b) 楼梯三维图

17. 2. 5　标准层、自然层复制

在标准层完成预制构件的布置及拆分后，选择"施工图设计-辅助-标准层复制"，进行自然层拆分方案同步，如图 17-13 所示。

图 17-13　标准层复制

通过楼层同步，可把标准层 2 的梁柱拆分复制到其他楼层。

Tips：深化设计-辅助菜单含义：

构件复制：根据提示选择被复制构件，再选择对应构件，右键确定后可完成构件复制。此处只能复制同样尺寸构件。

标准层复制：选择需要复制标准层及要进行复制的自然层，确认后即可完成复制。

楼层复制：选择需要复制源自然层及要进行复制的自然层，确认后即可完成复制。

标准层同步：选择后，会自动把各标准层对应的自然层进行同步复制，此处不可选择要复制的标准层及自然层。

17. 3　方案预制率统计

在基本方案确定之后，可通过"预制指定-指标统计-预制率"，粗算本项目预制率，如图 17-14 所示。统计结果如图 17-15 所示。

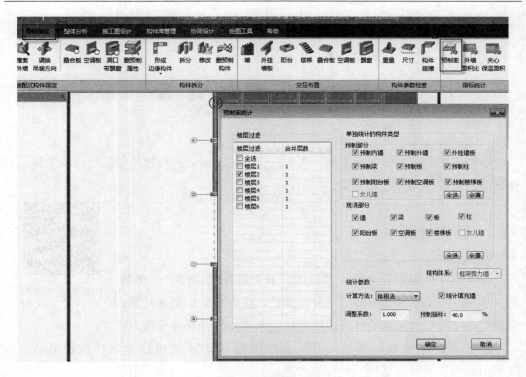

图 17-14　预制率统计菜单

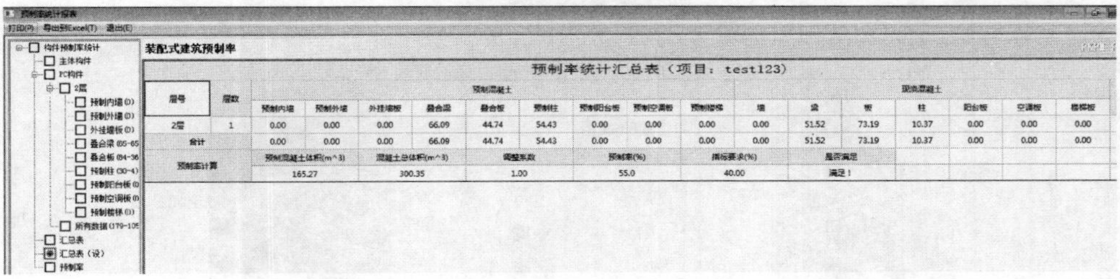

图 17-15　预制率统计结果

第18章 整体计算

本章主要介绍在方案确定后，再次进行结构计算，进行相关指标统计及验算，以满足装配式设计相关计算要求。

18.1 接力计算

在预制构件指定完毕后，须接力计算，进行现浇部分、预制部分承担的规定水平地震剪力百分比统计、叠合梁纵向抗剪计算、梁端竖向接缝受剪承载力计算、预制柱底水平连接缝受剪承载力计算。

在整体分析-整体计算中，可以直接接力 PKPM 结构计算软件进行分析，如图 18-1所示。具体参数同结构计算参数。

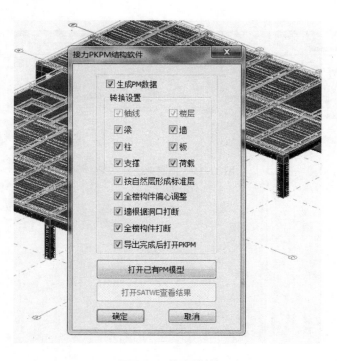

图 18-1　接力结算

在接力结构计算时，可以根据项目情况采用自然层形成标准层或者直接按照标准层进行计算。本项目采用自然层形成标准层形式进行计算。

对于预制构件，在构件上会有 PC 字样，以示区别。具体模型如图 18-2 所示。

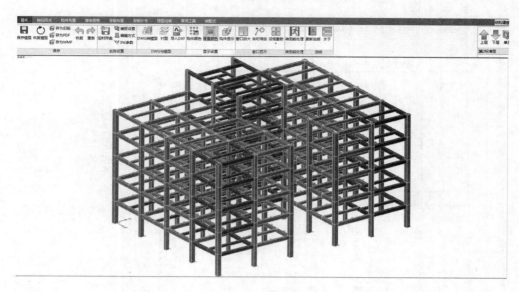

图 18-2　PMCAD 模型

18.2　参数设置及计算

在 PKPM 结构中，切换模块至"SATWE 分析设计-参数定义"，根据项目情况，在原有按现浇设计计算的基础上，修改以下参数。

总信息，"结构体系"选为"装配整体式框架结构"。

确定后进行分析模型及计算，选择"生成数据-全部计算"，完成该项目计算。

18.3　模型结果查看及模型调整

计算完成后，可以在 PKPM 结构设计软件中查看计算结果，包括模型简图、分析结果、设计结果、文本结果等相关内容。在整体指标方面，由于在结构设计阶段已经满足周期比、位移比、刚度比等常规技术指标，故在此阶段注意在规定水平力作用下控制现浇与预制构件承担的底部总剪力比例（《装配式混凝土结构技术规程》6.1.1 条第 2 款的规定），在文本结果 WV02Q 中已给出相应文本内容，如图 18-3所示。

```
WV02Q.OUT - 记事本
文件(F) 编辑(E) 格式(O) 查看(V) 帮助(H)
==================================================================
第  5层, 第  1塔

  0.20*Vx0 =     908.31    1.50*Vxmax =    6812.29     Vcx =     1603.021     Coef_x(Col) =        1.000
  0.20*Vy0 =     914.97    1.50*Vymax =    6862.29     Vcy =     1598.287     Coef_y(Col) =        1.000

==================================================================
第  6层, 第  1塔

  0.20*Vx0 =     908.31    1.50*Vxmax =    6812.29     Vcx =      152.023     Coef_x(Col) =        2.000
  0.20*Vy0 =     914.97    1.50*Vymax =    6862.29     Vcy =      154.901     Coef_y(Col) =        2.000

==================================================================

******************************************************************
              装配整体式结构框架柱、剪力墙地震剪力
******************************************************************

  层号  塔号              预制柱          现浇柱          预制墙          现浇墙          总剪力

    6    1    X            0.0           152.0            0.0             0.0            152.0
              Y            0.0           154.9            0.0             0.0            154.9
    5    1    X         1603.0             0.0            0.0             0.0           1603.0
              Y         1598.3             0.0            0.0             0.0           1598.3
    4    1    X         2786.3             0.0            0.0             0.0           2786.3
              Y         2796.2             0.0            0.0             0.0           2796.2
    3    1    X         3705.8             0.0            0.0             0.0           3705.8
              Y         3730.4             0.0            0.0             0.0           3730.4
    2    1    X         4312.1             0.0            0.0             0.0           4312.1
              Y         4344.1             0.0            0.0             0.0           4344.1
    1    1    X         4541.5             0.0            0.0             0.0           4541.5
              Y         4574.9             0.0            0.0             0.0           4574.9

******************************************************************
              装配整体式结构框架柱、剪力墙地震剪力百分比
******************************************************************

  层号  塔号              预制柱          现浇柱          预制墙          现浇墙

    6    1    X          0.00%         100.00%          0.00%           0.00%
              Y          0.00%         100.00%          0.00%           0.00%
    5    1    X        100.00%           0.00%          0.00%           0.00%
              Y        100.00%           0.00%          0.00%           0.00%
    4    1    X        100.00%           0.00%          0.00%           0.00%
              Y        100.00%           0.00%          0.00%           0.00%
    3    1    X        100.00%           0.00%          0.00%           0.00%
              Y        100.00%           0.00%          0.00%           0.00%
    2    1    X        100.00%           0.00%          0.00%           0.00%
              Y        100.00%           0.00%          0.00%           0.00%
    1    1    X        100.00%           0.00%          0.00%           0.00%
              Y        100.00%           0.00%          0.00%           0.00%
```

图 18-3　预制构件承担剪力百分比

根据 JGJ 1—2014《装配式混凝土建筑技术规程》6.5.1：

6.5.1　装配整体式结构中，接缝的正截面承载力应符合现行国家标准《混凝土结构设计规范》GB 50010 的规定。接缝的受剪承载力应符合下列规定：

1　持久设计状况：

$$\gamma_0 V_{jd} \leqslant V_a \tag{6.5.1-1}$$

2　地震设计状况：

$$V_{jdE} \leqslant V_{uE}/\gamma_{RE} \tag{6.5.1-2}$$

在梁、柱端部箍筋加密区及剪力墙底部加强部位，尚应符合下式要求：

$$\eta_j V_{mva} \leqslant V_{uE} \tag{6.5.1-3}$$

V_{uE}——地震设计状况下梁端、柱端、剪力墙底部接缝受剪承载力设计值；

V_{mva}——被连接构件端部按实配钢筋面积计算的斜截面受剪承载力设计值；

在配筋过程中，需要满足预制梁端竖向接缝的受剪承载力计算、预制柱底水平连接缝的受剪承载力计算、预制剪力墙水平接缝的受剪承载力计算。在 SATWE 计算结果中可进行查看。

对于本项目，在"计算结果-配筋"中，可查看配筋值，如图 18-4 所示。根据规范要求反算的接缝处的配筋值，会以"PC"样式显示在预制构件基本配筋信息下方。在实配钢筋时，除满足正常配筋要求外，还需满足此处要求。以梁为例，PC26-26 表示该梁柱接缝处全截面配筋值应大于 26dm²。如图 18-4、图 18-5 所示。

具体解释及核算过程可参照《PKPM-PC 用户手册与技术条件》。

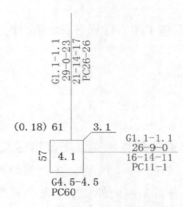

图 18-4 PKPM 结构中预制梁配筋结果查看

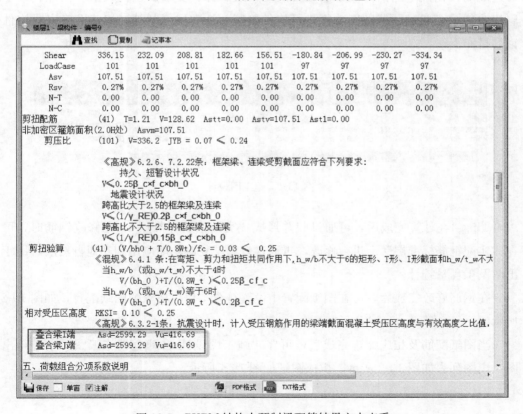

图 18-5 PKPM 结构中预制梁配筋结果文本查看

第 19 章　施工图出图及报审文件生成

本章主要介绍装配式项目施工图、计算书需要输出内容及生成方式，以满足设计院报审要求。

19.1　施工图出图

模型在经过反复计算分析及调整，满足规范指标及配筋要求后，可以在 PK-PM-PC 进行三维钢筋调整，如图 19-1 所示。在钢筋修改时，须注意选择高强度、大直径、大间距钢筋，以便进行预制构件加工生产和现场安装。在修改过程中，可通过配筋校核确定当前修改钢筋是否满足构造、计算要求。在完成某一构件、某一层修改后，可通过"辅助"功能进行构件复制、标准层复制等，快速准确完成构件钢筋排布。

图 19-1　施工图设计

Tips：在计算完成后，可通过归并形成"实配钢筋标准层"。在修改钢筋时，可在"实配钢筋标准层"上进行修改，再通过自然层复制功能应用到其他自然层，用于出图及工程量统计。

在钢筋修改完成后，可在图纸配置中设置符合本单位要求的图纸配置，如图 19-2 所示。

当图纸配筋及相应配置完成后，可在"施工图设计-自动全楼施工图"中进行出图。出图列表如图 19-3 所示。生成图纸如图 19-4 所示。

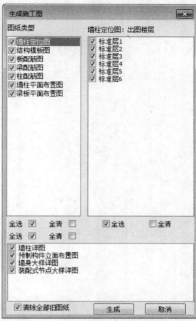

图 19-2 图纸配置　　　　　　　　图 19-3 生成图纸列表

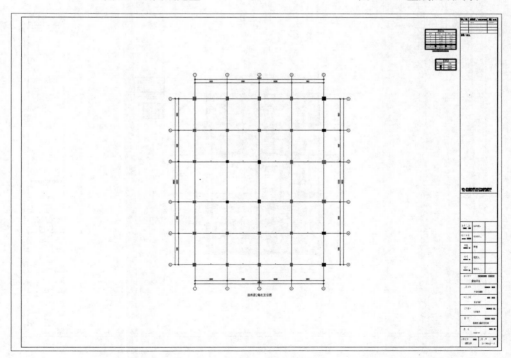

（a）

图 19-4 图纸生成（一）

（a）墙柱定位图

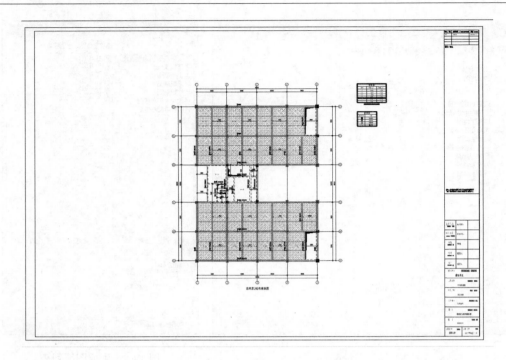

（b）

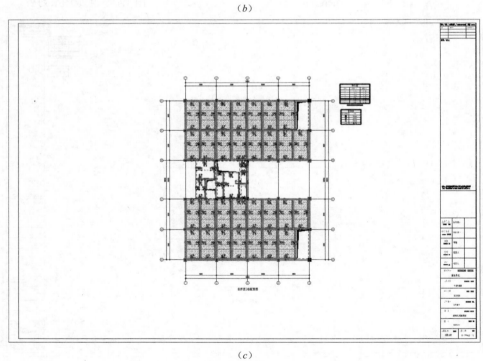

（c）

图 19-4　图纸生成（二）

（b）结构模板图；（c）板配筋图

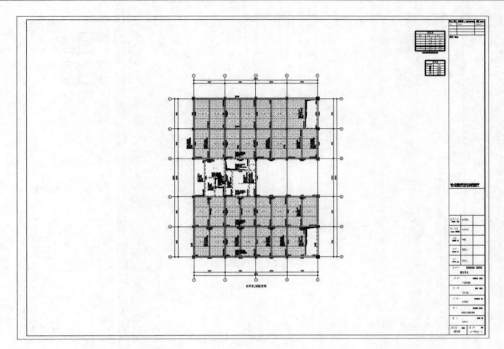

(*d*)

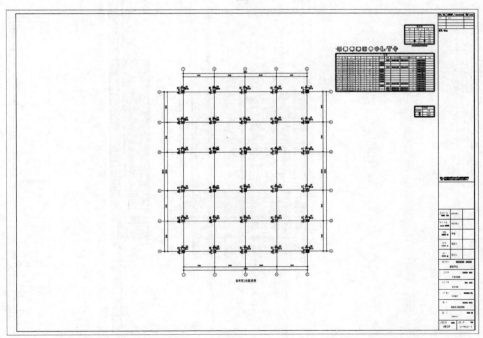

(*e*)

图 19-4 图纸生成（三）

（*d*）梁配筋图；（*e*）柱配筋图

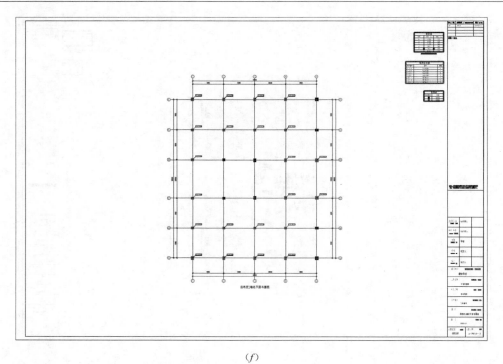

（f）

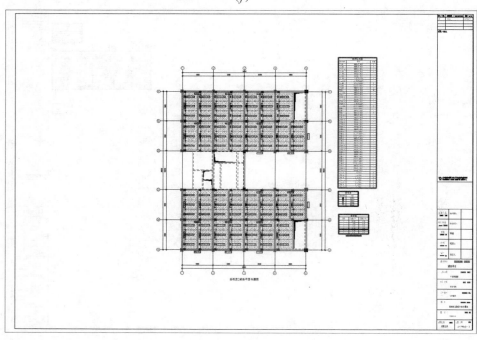

（g）

图 19-4　图纸生成（四）

（f）墙柱平面布置图；（g）梁板平面布置图

19.2 报审计算书

目前，装配整体式结构设计方法等同于现浇结构进行设计，因此在计算书整理方面应当分为两部分：第一部分按照传统现浇结构生成相应技术指标、结构布置简图、荷载简图以及配筋简图等内容；第二部分结合装配式建筑特点生成相应统计指标及清单。

19.2.1 结构计算书

1. 计算参数（全局指标汇总）及各子项指标

在 PKPM 结构设计软件的 SATWE 设计分析模块中可以输出结构设计分析相关参数及各项技术指标。如图 19-5 所示。

图 19-5 计算书输出界面

在结构设计软件中可通过"计算书"分项输出各项结果。如图 19-6 所示。

2. 结构布置简图

在 PKPM 结构设计软件的 SATWE 设计分析模块中，可以输出带有构件编号的结构布置简图，如图 19-7 所示。

3. 荷载简图

在 PKPM 结构设计软件的 SATWE 设计分析模块中，可以输出表示恒、活布置的荷载简图。如图 19-8 所示。

图 19-6　结构计算书目录

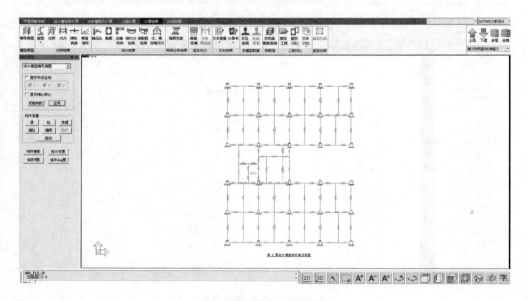

图 19-7　结构布置简图

4. 配筋简图

在 PKPM 结构设计软件的 SATWE 设计分析模块中，可以输出各类构件的计算配筋简图，如图 19-9 所示。

19.2.2　装配式计算书

关于装配式计算书，应包含预制率统计表、预制构件清单、材料统计表、构件施工阶段验算。

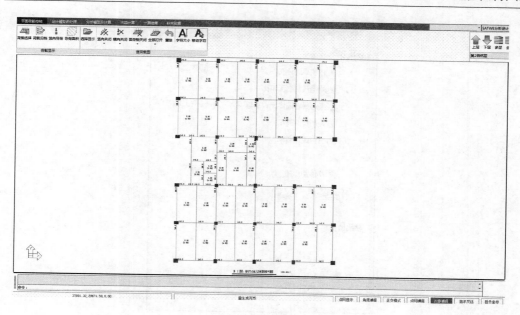

图 19-8 荷载简图

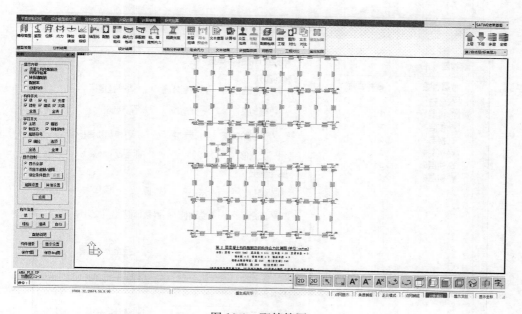

图 19-9 配筋简图

在"施工图设计-计算书"中，点击"生成"，可按计算书类型进行输出，如图 19-10 所示。

在"计算书输出"中，可通过"设置"选择要输出楼层及相关内容，如图 19-11 所示。

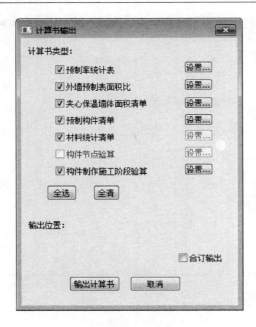

图 19-10 计算书输出

图 19-11 设置相关内容

生成内容如图 19-12 所示。

短暂工况验算如图 19-12（a）所示。

材料统计清单如图 19-12（b）所示。

叠合梁短暂工况验算

一、基本参数

构件尺寸

	长*宽*高	3898*400*700	mm*mm*mm
	梁体积	0.8887	m³

相关系数

重力放大系数	1.1	
脱模动力系数	1.5	
脱模吸附力	1.5	
板吊装动力系数	1.5	
板施工安全系数	5	

（a）

材料统计清单（项目：用户案例一）						
浇筑单元	类型	材料	体积(m^3)	重量(kg)	钢筋重量(kg)	合计重量(kg)
PCL-1-1	预制梁		1.64	4.09	282.42	286.51
附件	材料	附件单重(kg)	每构件数量	每构件总重(kg)	每构件合计重量(kg)	
MGB_25-锚固板			10		0.00	
浇筑单元数量：	1		浇筑单元总重量(kg)：	286.51	附件总重量(kg)：	0.00

（b）

图 19-12　生成结果

第 20 章　深化设计及构件详图生成

本章主要介绍叠合板、叠合梁、预制柱深化设计方式，复杂节点钢筋避让方式，专业间提资预留预埋方式，钢筋碰撞检查等，以达到生成构件详图标准。

20.1　预制构件深化设计

20.1.1　叠合板深化设计

1. 叠合板基本设计参数

对于叠合板，当大部分构件需要修改搭接到周边梁或墙上长度、钢筋伸出长度、板接缝长度、双向板钢筋伸出长度、板接缝类型等，可在"深化设计-拆分-板参数"中进行修改，如图 20-1 所示。

在参数设置完毕后，再进行拆分，可形成相应拆分板块，如图 20-2 所示。

Tips：在查看构件时，可通过"基本-装配单元显示精度"修改钢筋显示情况。当选择"精细显示"时，可显示混凝土块及钢筋，钢筋实际粗细；当选择"钢筋精细"时，可只显示钢筋，混凝土块以线框模式显示。如图 20-3 所示。

2. 叠合板深化参数修改

在板拆分完成后，对于某些板进

图 20-1　板拆分设计参数

行细节调整，可在"深化设计-装配单元参数修改"中进行完善。如图 20-4 所示。

图 20-2 单块叠合板

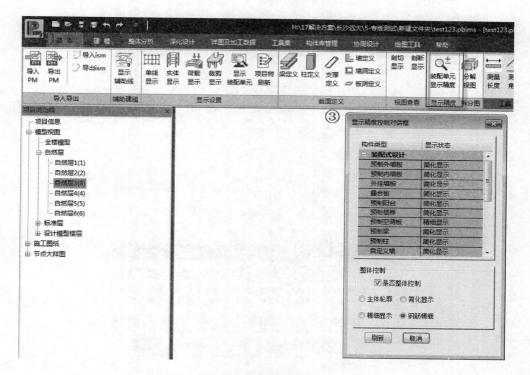

图 20-3 钢筋精细显示

20.1.2 叠合梁、柱深化设计

1. 叠合梁、柱深化拆分

在"深化设计-拆分设计"中，指定梁柱具体拆分参数。具体参数如图 20-5 所示。

根据 JGJ 1—2014《装配式混凝土结构技术规程》7.3.1：装配整体式框架结构中，当采用叠合梁时，框架梁的后浇混凝土叠合层厚度不宜小于 150mm，当采用凹口截面预制梁，凹口深度不宜小于 50mm。

本项目中板厚为 130，梁叠合类型选为凹口截面叠合梁，凹槽深度选为 50，如图 20-5 所示。

本项目采用免外模叠合梁，对于边梁需要选择外封边，并设置封边厚度 60。

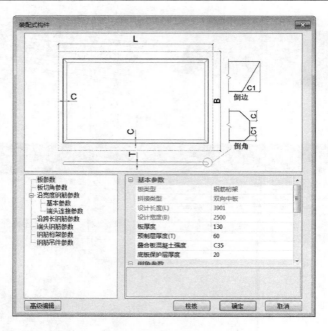

图 20-4　板深化参数修改

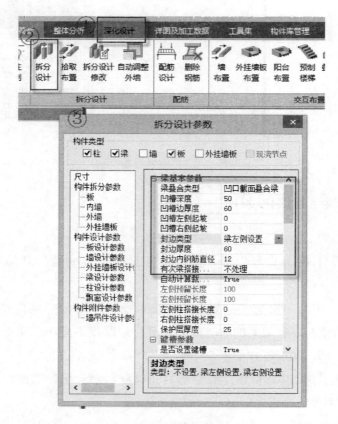

图 20-5　梁拆分参数

根据拆分原则，主次梁搭接形式采用"预留凹槽"形式。如图 20-6 所示。

键槽参数可按默认进行设置。

对于配筋：根据 GB/T 51231—2016《装配式混凝土建筑技术标准》5.6.2 指定，抗震等级为一、二级的叠合框架梁的梁端箍筋加密区宜采用整体封闭箍筋。

本项目梁抗震等级为二级，在"深化设计-拆分设计-梁参数设计"中，对于边梁，梁箍筋形式采用传统箍，对于中梁，梁箍筋形式采用"非加密区开口"，箍筋最大肢数采用 3 肢箍，根据计算结果采用箍筋直径。

柱参数在本阶段可按照默认参数设置。

参数设定完毕后，可框选本层构件，完成梁柱拆分。如图 20-7 所示。

2. 梁柱节点避让

在梁柱节点处，因施工因素需考虑梁柱间节点避让。

在 PKPM-PC 中，提供多种梁柱节点避让形式，如图 20-8 所示。

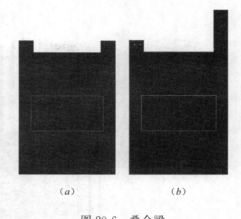

图 20-6 叠合梁
(a) 凹口截面叠合梁；(b) 带封边叠合梁

扫码看相关视频

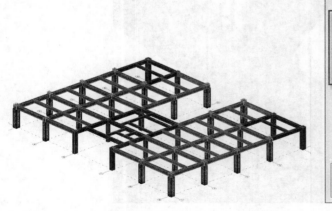

图 20-7 构件拆分图

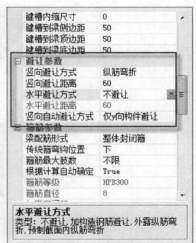

图 20-8 梁柱节点避让参数

以某 L 节点为例。可以选择 Y 向构件竖向避让方式为"纵筋弯折"，竖向避让距离为 60cm；水平避让方式为"不避让"；再点选该处梁。Y 向梁底筋可在距叠合梁端处，根据避让距离按 1∶6 自动起坡，形成弯折，以完成钢筋避让。如图 20-9 所示。

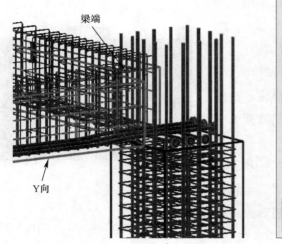
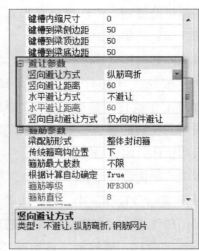

图 20-9　钢筋节点避让（L）

以某 T 节点为例。可选择 Y 向梁竖向避让方式为"纵筋弯折"，竖向避让距离为 60cm，水平避让方式为"不避让"；X 向梁竖向避让方式为"不避让"，水平避让方式为"外露纵筋弯折"，并设置水平避让距离为 60，再框选该 T 型节点。Y 向梁底筋可在距叠合梁端处，根据避让距离按 1∶6 自动起坡，形成弯折；X 向梁底筋可向相反方向根据避让距离弯折，即可完成钢筋避让。如图 20-10 所示。

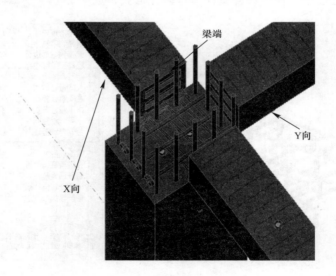

图 20-10　钢筋节点避让（T）

另外，在"深化设计-装配单元参数修改"中，选择对应的梁，即可对梁配筋根数、端头形式、弯折方向等进行细部调整，直至满足节点避让要求。如图 20-11 所示。

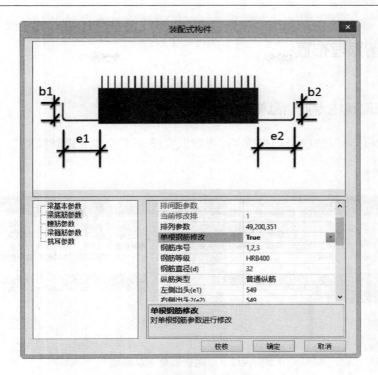

图 20-11 梁装配单元参数修改

20.1.3 标准层同步、楼层同步

拆分及修改完成后，点击"深化设计-辅助-标准层复制"，把配筋结果复制到其他层，如图 20-12 所示。

点击项目浏览器-全楼模型，可查看到全楼构件布置情况，如图 20-13 所示。

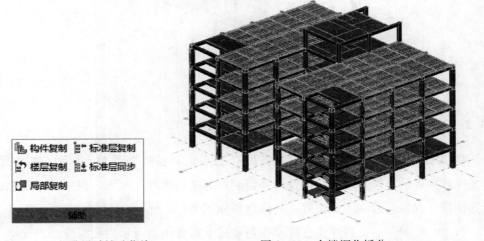

图 20-12 深化设计辅助菜单   图 20-13 全楼深化拆分

20.2　预留预埋布置

20.2.1　获取机电专业信息模型

在"协同设计"选项卡，选择"远程数据管理-下载全专业最新模型"，如图 20-14、图 20-15 所示。

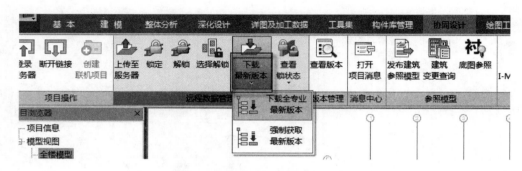

图 20-14　协同获取全专业模型

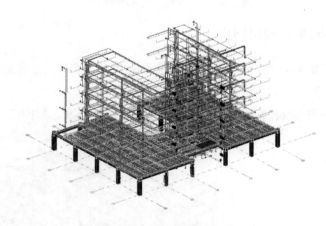

图 20-15　全专业模型

20.2.2　设备提资预留预埋

在"工具集"选项卡，选择"设备提资-设备洞口检查"菜单，如图 20-16 所示。可选择要检查的楼层、设备，以及要预留洞口的结构构件。此外，根据机电要求进行套管预留、洞口与管间距预留等。具体选择如图 20-17 所示。

点击"开洞"后，程序将在模型中自动搜索需要预留所示的孔洞位置。选择"设备提资-预制构件开洞"可弹出预制洞口对话框，如图 20-18 所示。选择某一项时，

图 20-16　设备洞口检查

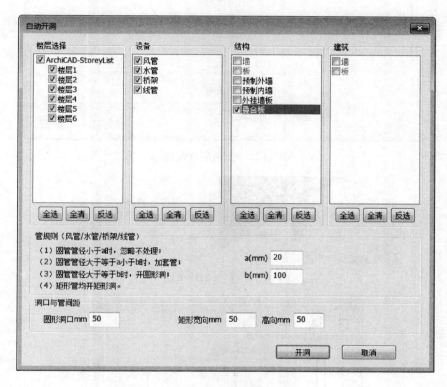

图 20-17　自动开洞菜单

可自动跳转到对应位置，进行查看。当选择生成洞口后，预制构件上自动生成相应洞口。以叠合板为例，生成的洞口如图 20-19 所示。

电气线管、线盒也可通过"工具集-设备提资-设备预埋件检查"、"工具集-设备提资-预制埋件生成"来完成预埋。方法同洞口预留，此处不做介绍。

通过此种方式，可精确定位设备提资位置，满足构件精细化设计要求。

20.2.3　手工布置预留预埋

当部分预留预埋需要单独布置时，可通过"深化设计-预埋件-布置"菜单完成，如图 20-20 所示。此处附件均选自附件库，当需要扩充时，可直接在构件库中增加，布置时选取即可。

图 20-18 预制洞口设置

图 20-19 预制洞口生成

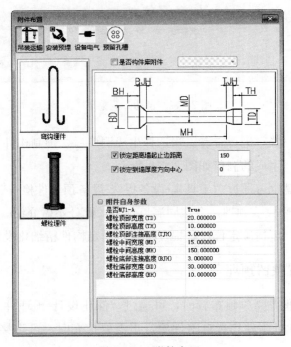

图 20-20 附件布置

20.3 构件校核

在调整预留及预埋后，还可进行精细化构件校核。以叠合板为例。

在"工具集-短暂工况验算参数设置"中，可设置各类构件验算基本参数。设置完毕后，可选择最不利构件进行验算，以叠合板为例。

在"深化设计-装配单元参数修改"中选择对应叠合板，选择"校核"功能，并生成相应校核计算书，如图 20-21 所示。具体校核公式及依据可参照《PKPM-PC 用户手册与技术条件》。

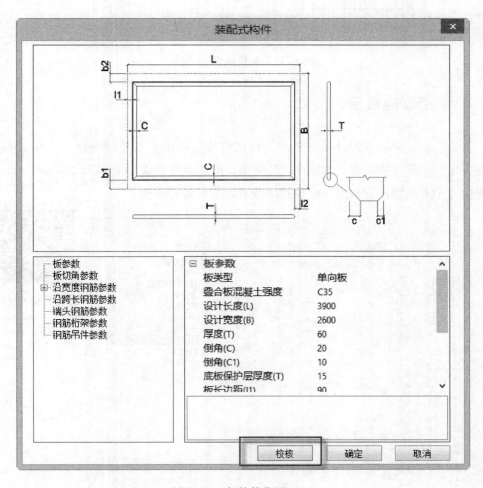

图 20-21 板校核位置（一）

叠合板 DBD-67-3925-2 计算校核说明书

1　叠合板示意图

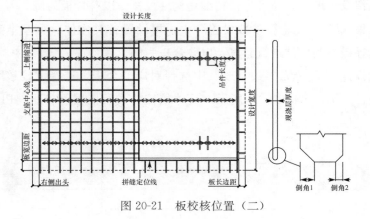

图 20-21　板校核位置（二）

20.4　钢筋碰撞检查

在钢筋避让调整、构件预留预埋、构件校核过程中，可随时使用"工具集-碰撞检查"定位钢筋碰撞位置，如图 20-22 所示。钢筋碰撞检查结果如图 20-23 所示，在检查报告中双击即可在模型中定位具体位置，方便进行调整。

扫码看相关视频

图 20-22　钢筋碰撞检查参数设置

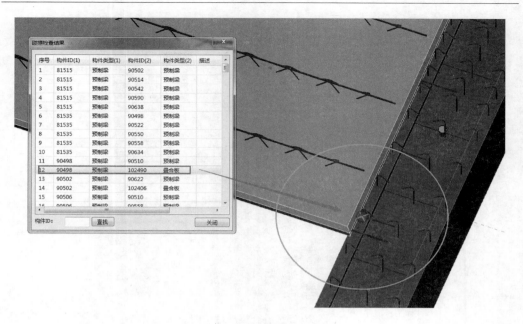

图 20-23　钢筋碰撞检查

20.5　生成构件详图

在构件调整完毕后，可在"详图及加工数据-自动全楼施工图"中选择对应构件进行出图。生成图纸如图 20-24、图 20-25 所示。

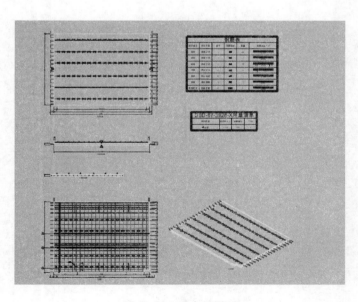

图 20-24　叠合板详图

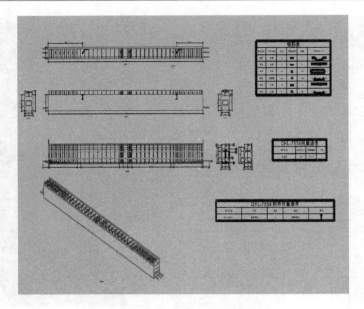

图 20-25　叠合梁构件详图

20.6　构件详图调整及补充

在构件详图生成后，可转为 DWG 图纸，做进一步修改，满足相关单位出图要求。